看得破 跳得过

视角变了，世界就变了

贺梅子◎著

中国华侨出版社

图书在版编目(CIP)数据

看得破，跳得过：视角变了，世界就变了 / 贺梅子著. —北京：中国华侨出版社，2015.1（2021.4重印）

ISBN 978-7-5113-5130-2

Ⅰ.①看… Ⅱ.①贺… Ⅲ.①人生哲学–通俗读物

Ⅳ.①B821-49

中国版本图书馆 CIP 数据核字(2015)第013630 号

看得破，跳得过：视角变了，世界就变了

著　　者 / 贺梅子

责任编辑 / 严晓慧

责任校对 / 孙　丽

经　　销 / 新华书店

开　　本 / 787 毫米×1092 毫米　1/16　印张/17　字数/240 千字

印　　刷 / 三河市嵩川印刷有限公司

版　　次 / 2015年2月第1版　2021年4月第2次印刷

书　　号 / ISBN 978-7-5113-5130-2

定　　价 / 48.00 元

中国华侨出版社　北京市朝阳区静安里 26 号通成达大厦 3 层　邮编：100028

法律顾问：陈鹰律师事务所

编辑部：(010)64443056　　64443979

发行部：(010)64443051　　传真：(010)64439708

网址：www.oveaschin.com

E-mail：oveaschin@sina.com

前言
PREFACE

　　苏轼有词云："人有悲欢离合，月有阴晴圆缺，此事古难全。"这是一种感叹，也是一份看透人世后的淡然和宁静。阴晴圆缺是自然规律，是人力无法改变的转变。悲欢离合，顺逆穷通，也是人生的常态。当一切都能够看开的时候，便没有什么可以担心的了。苏轼的人生有过顺风顺水，也曾风起云涌，历经太多的沉浮和悲喜，当繁华落尽之时，他却依然保持着最初的那一份淡定。内心的洒脱与豁达，只看那一句"回首向来萧瑟处，归去，也无风雨也无晴"便知。回首来时的路，什么风雨、晴空，都已经虚无缥缈，人生真的没有什么过不去。

　　漫长的生命之旅中，人该有一份豁达的

心境。若是活得太较真儿，不免会痛苦和沉沦，就像季羡林先生所说的那样："人活着最重要的是想得开。"用淡定的心看待世事，便能够笑看花开花谢、云起云落，即便面对沧桑，也能够有一份云水悠悠的心情。

而人生，只有真正做到拿得起放得下，才能够拥有处变不惊的沉稳。生活中总会出现各种挫折与磨难，谁也不能够预料下一秒会发生什么，但只要有一颗豁达的心，就能够坦然面对命运给自己带来的苦难，就能够不与人斤斤计较自己的得失，就可以在不幸降临时依然热爱生活，就可以静静而又安然地走自己的路，含笑自信，不自卑，也不张扬。

如何才能拥有豁达淡然的心境？那需要人性的修炼、心性的修炼、学识的修炼、境界的修炼，该得到的要付出努力抓到手，得不到的不要过分执迷，不是不去追求，而是不去强求；不浮躁，不争抢，不去计较浮华之事，不急功近利，不为钱财折腰，宠辱不惊，也会大笑，也会打闹，但是总能心静如水，淡定安逸；淡然地过自己想要的生活，不要轰轰烈烈，只要简简单单。看透一切，便能心如止水。人生，换一个角度去看，真的没什么大不了！

目录
CONTENTS

从现在看过去，会看见无知 | 第一辑

回忆是场老电影，那里有那么多因固执错过的机会，因天真受到的欺骗，因年少错过的爱情，因脆弱带来的伤害……都是无知铸下的错误，逝者如斯，我们只能成为自己的观众。

时钟不倒转，时光不回头，成长就是告别曾经的错误，不断完善自我，让心灵更加稳健、丰富、成熟，有一天我们会感谢过去，因为它让我们有了更好的未来。

从宽容看是非，会看见解脱 | 第二辑

人生在世，是非不断，他人的意图、言辞、行为，总是困扰着我们的生活，想从这纷纷攘攘中解脱，需要的不是八面玲珑的头脑，而是海阔天高的心胸。

一滴墨放入水杯，水的颜色立刻变黑；一滴墨放入大海，大海依然蔚蓝，让心灵容纳更多的东西，而不是被拖累，这就是宽容的境界。

第三辑 | 从接受看命运，会看见踏实

我们难免羡慕他人拥有的命运：更高的起跑线，更好的资源，更轻松的环境，更美满的感情，但他人的生活并非没有不幸，我们也并非一无所有，对比毫无意义，唯有接受。

命运不公平，不仁慈，不能随心所欲，接受的人才能认清自己的起点，寻找自己的优势，发挥自己的潜能。改变命运，就是以不卑不亢的心灵踏实地走好每一步。

第四辑 | 从平凡看生活，会看见快乐

我们常常觉得自己平凡，并因此沮丧，其实，生活本身就是平凡的、呆板的，与其不断忍受它的一成不变，不如主动发掘其中的闪光点，建立新的价值。

没有人喜欢平凡，璀璨的瞬间值得铭记，但更重要的，是日复一日的生活。以平和的心情看待生活，在平凡中发现快乐，每一天都将是崭新的。

从检讨看内心，会看见成长 | 第五辑

内心的渴望如果不能得到正确的引导，会为我们带来数不尽的麻烦与失败；而成长恰恰需要我们克服不当的欲望，填补缺失，完善自我，所以，懂得检讨的人才能更快地进步。

检讨不仅仅是对某种行为的纠正，最重要的是寻找根源，不断改良自己的思想。心灵就像一片田野，只有及时拔除毒草，栽种新苗，才能有春华秋实，四时美景。

第六辑 | **从随缘看事物，会看见自在**

我们向往飞鸟的自在，却总是为难自己，强求他人，留恋得不到的东西。但世事变迁无法更改，如果不能淡然处之，每一个改变、每一次遗憾都会让我们痛苦。

想要纾解情绪，最好的办法是顺其自然，认真而又看得开，投入而又放得下。每一份经历都是独特的，不论是悲是喜，以不被束缚的心灵接纳事物，每个人都能自由自在。

第七辑 | **从善念看他人，会看见慈悲**

惧怕争执，惧怕伤害，很多人对"人际"一词望而却步，但人与人的关系并不是只有尔虞我诈、利益纠葛，还有因沟通而生的理解，因相处而生的乐趣，因扶持而生的感情。

以善意的心灵走进人群，以善意的角度接受他人，你的态度将决定一段关系的发展方向。是友爱还是分歧，往往在你的一念之间。

从乐观看未来，会看见希望 | 第八辑

现状的不完美让我们心事重重，通向未来的路总让我们忧心忡忡，眼前的困难已经让人沮丧，明天如何又不在把握之中——悲观的情绪就这样弥漫，让我们更加看不到出路。

条条大路通罗马，只要换个角度，换个方式，换个心情，我们依然可以看到希望的所在。什么事都难不倒乐观的人，因为向上的心灵总是充满力量。

从反省看自己，会看见转机 | 第九辑

相似的能力，相似的环境，相似的机遇，有的人成功，有的人却失败，这真的是运气问题？不，十有八九是失败者的做事方法出了问题。

是时候反省自己的行为和习惯了。没有反省意识，我们只会不断被同一块石头绊倒；一旦改掉固执的毛病，转机就会出现，未来的大门也会因此敞开。

第十辑 | 从知足看人生，会看见珍惜

目光太高，要求太多，对什么都不满意，忽视身边的人与事，却在失去后发现它们的重要，这是很多人都曾经历过的心路历程。多数时候，我们不是不幸福，而是不知足。

懂得珍惜才有福气，因为知道拥有的可贵，心灵总是充实的，心情总是美好的，即使有悲伤，也依然相信自己的富足。这就是俗语说的："知足常安，知足常乐。"

第一辑
从现在看过去，会看见无知

回忆是场老电影，那里有那么多因固执错过的机会，因天真受到的欺骗，因年少错过的爱情，因脆弱带来的伤害……都是无知铸下的错误，逝者如斯，我们只能成为自己的观众。

时钟不倒转，时光不回头，成长就是告别曾经的错误，不断完善自我，让心灵更加稳健、丰富、成熟，有一天我们会感谢过去，因为它让我们有了更好的未来。

◎ 与往事干杯，与伤痛讲和 ◎

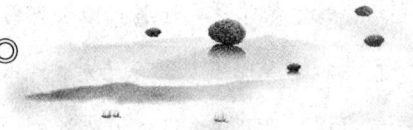

在行走的路途中，没有谁完完全全是命运的宠儿，在为自己的理想和目标奋斗的过程中，很多人都有过刻骨铭心的伤痛。这些伤痛或许是一段情感的破裂，也许是接近成功顶峰时的一次无意跌落，或许只是无意中错过了一次自己喜爱的明星的演唱会……

受伤的时候，疗伤就行了，时间早晚会抹平一切，即便在当时你痛彻心扉，但当你成长后会发现，它在你的生活中会慢慢淡化。不过，前提是你懂得怎样去疗伤。在众多方法中，伤而不言是值得一试的。虽然很多人更习惯于发泄，但这种方式并不可取，每次倾诉、回忆伤痛的时候，其实无异于一次次地撕掉了结痂的部分，这样一来伤痛永远不可能痊愈。倘若你将这种痛苦藏匿于心底，选择慢慢淡化，或许一开始不那么容易，但日子久了它自然会分解、消失。

一个经常沉浸在自己的悲伤中，总是茫茫然感受不到快乐的人，他的人生必定是黯淡无光的。自伤自怜会让人无心去注意身边的美好，会让人无法享受愉快的生活。自伤自怜像一片泥潭，让人泥足深陷，难以自拔。总是在悲伤的人，又怎么会注意人生中的阳光？又怎么会让阳光来照亮自己的人生呢？

唐婉是个一出生就双目失明的孩子，她的世界里永远都只是无边的黑暗。唯一能让唐婉感受到快乐的就是音乐，音乐仿佛就是她的生命一般。但不幸的是，在一次意外中，唐婉的世界甚至连声音也失去了。然而没有色彩、没有声音的世界并没有让唐婉陷于自伤自怜之中。唐婉开始用盲文写作、谱曲，把自己对家人的感恩，自己对这个世界丰富的想象记录下来。虽然遭受了一连串的打击，但整个家庭因唐婉的乐观开朗而充满着幸福的笑声。

唐婉的遭遇是惹人同情、令人惋惜的。但是她并没有被苦痛控制住。在她看来，人生已经如此不幸，若是自己的心灵对未来都失去了向往，那么人生就真的黯淡无光了。因此，她选择了面向阳光，让自己的未来光彩绽放。

人生在世，遇到伤害是在所难免的，但这并不能决定我们一生的色调。谁没有遇到过苦痛？关键在于你是将它交给时间还是交给心灵。苦痛是心灵难以承受之重，它会腐蚀我们的心灵，进而控制我们的情绪。倘若你将它交给时间去处理，选择慢慢淡忘，那么最终总有一天你会发现，苦痛只是久远的记忆。

学会化解伤痛，你才能大方地与过去的自己握手。若是不懂这一点，伤痛带给我们的伤害往往是我们无法承受的。

一位美国科学家曾经进行了一项非常有趣的实验：在实验中，这位科学家把人呼出的气体注入一种液体之中，观察不同情绪下人呼出的气体对这种液体的影响。经过特殊的测量手段后发现：当一个人心情平静的时候，这种液体没有明显的变化；而伤心的时候，则会产生白色沉淀；最严重的是一个人生气的时候，液体就会变得很混浊。他进一步实验发现，人生气时所产生的分泌物在某种情况下甚至可以毒死一只老鼠。

据此，他根据自己的研究计算出：一个人生10分钟的气所消耗的体能一点也不亚于做一个3公里的长跑。科学家做出这样的结论：一个人一生的寿命中，有很大程度上不是老死的，而是被气死的。所以，我们不能让怒气在心中存留太久，应该想办法把它们以一种无损的方式发泄出来。

所谓"无损发泄"，是指一个人在释放消极情绪时，所采取的行为既不会对自己，也不会对社会和他人造成伤害。一般来说，人的消极情绪主要有两种发泄方式，即消极发泄和无损发泄。消极发泄是一种有损性发泄，这种发泄具有一定的破坏性，有可能对自己或者他人、社会造成不应有的伤害和影响。而无损发泄则是一种积极发泄，它是通过积极主动的方式，将心中积聚已久的失落和压抑情绪，进行及时的疏导排泄，从而使心理处于平衡状态。

从本质上看，无损发泄是在理性支配下的发泄，也是一种有道德、有修养的发泄。

很多艺术家的脾气都很大，著名意大利指挥家托斯卡尼尼也不例外。他经常会为了一点点小毛病而暴跳咆哮，有时候甚至把乐谱丢进垃圾桶，这让周围的人非常不舒服。

有一次，他在指挥乐团演奏一位意大利作曲家的新作时，乐队整体表现得并不很尽如人意。这使得托斯卡尼尼非常生气，整个脸孔涨得通红，举起乐谱就要把乐谱扔出去。

但是，托斯卡尼尼举起手后，又缓缓放下了。这份乐谱一旦扔掉以后，所造成的损失将是无法挽回的。因为他知道那是全美国唯一的一份"总谱"，假如被毁损了，麻烦就大了。关键时刻，托斯卡尼尼理智地把乐谱好好地放回谱架，再接着继续咆哮。

或许在不同的时刻，人与人之间受到的伤害是相同的，但是不同的表现却各不相同。在生活中，无损发泄就是你是否对所处情境做出正确的判断，并选择一种无害于自己也无害于他人的方法来，托斯卡尼尼放弃扔乐谱而选择咆哮就是其中一种。正如培根所说："无论你怎样地表示愤怒，都不要做出任何无法挽回的事来。"

心态平和一点，受伤了、愤怒了就选择理智的方式发泄出来，不要放纵消极情绪，最终成为情绪的奴隶。相信自己，相信时间，一切都会好起来，总有一天，你能与往事干杯，与伤痛讲和。

◎ 最好的弥补，就是向前一步 ◎

人生一世，花开一季，谁都希望自己所做的每一件事都是正确的，一步步地实现自己预期的目标，人生了无遗憾。然而，这只是一种幻想，人非圣贤，孰能无过？令人后悔的事情，在生活中经常出现。失败的人最愿意谈论的事情就是"想当初"，因为这样可以让人觉得他是那么近距离地接触到幸福。事实上，这种人没有认识到，对于他来说，最大的遗憾就是一直把遗憾挂在嘴边。

不可否认，遗憾是我们生活的一部分。但不同的人对遗憾有着不同的处理方式。有些人因为遗憾而懊恼，并且始终将过往的失败和遗憾挂在嘴边，将其看作人生的缺口；有的人则选择冷眼旁观，认为一切都是注定好的，虽然不会时常回忆这些缺憾，但对人生也不会有太大的憧憬；有的人则选择将遗憾看作财富，从中找到闪光点。

显然，前两种虽然方式不同，但都是消极的处世方式，说到底，这些人眼中的遗憾都是一早就注定好的，而这样的人，显然已经走进了一个误区，并且渐行渐远。他们对人生的期待永远抵不上遗憾给他们造成的一切，他们眼中的世界都是灰色的。

而用乐观的态度来对待遗憾的人，自然能够继续向前，在他们眼中，这才是最好的挽救方法。

有这样一个故事，一位爱好武术的少年因为一次意外事故丧失了左臂。虽然他依然渴望着练习武术，但是几乎所有的教练都不愿意教他，因为没有左臂的人练武几乎是痴人说梦。

这个少年就一直找，希望能够找到一个愿意教他的教练。直到有一天，他遇到一名很少收徒弟的教练，教练见他心意很诚，决定收他为徒。除了基本功之外，他的教练只教他一个动作，并且让他每天都重复训练这一个动作。

少年很不理解，就问教练什么时候才能让他学习新的动作。

教练只是微笑着说："你先努力把这个动作练好。"

直到有一天，教练告诉他出去比赛，少年有些发愣："可是我只会这一个动作呀。"教练说："没事，你就用这一招就行。"在比赛中，他就使用这一招连连过关，最终赢得了冠军。

他大惑不解，就跑过去问教练其中的缘由。教练回答道："因为你的对手如果要破你这招动作，唯一的办法就是紧紧抓住你的左臂。"

身体上的遗憾对于少年来讲是已经存在的现实状态。我们可以说是教练懂得因材施教，但是教练这样做的前提就是少年敢于正视这种遗憾，敢于坚持将这种遗憾变成财富。

由此可见，遗憾与美好是相伴相生的。当遗憾过后，往往会催生出新的力量。试想一下，如果生活在一个没有遗憾的世界，那么人们真能感受到幸福和成功吗？没有遗憾的衬托，那么美好又从哪里体现呢？

遗憾，往往是不可挽回的，其实所有人都知道这个道理，但不是所有人都能正确地看待这件事。所以，幸福和美好的时光就在你对遗憾的念念不忘中过去了，而你却沉浸其中不自知。

在大学的一次同学聚会上，大家都喝了很多酒。

借着酒意，一个女孩对男孩说："你知道吗？其实在上大学的时候我就特别喜欢你。"

男孩一愣，他接着说："其实我也很喜欢你，但是一直也没有说。"

"那你为什么不说呢？"

"你那时那么优秀，那么可爱，我想等你长大。"

"那你为什么不陪我长大呢？"当时男孩就泪如雨下。因为这个女孩现在已经准备结婚了。

错过是一种遗憾，但是没有说出更是一种遗憾。生活不是电视剧，可以预知其中的结局。现实就是如此，如果不尽快采取行动，那就会错过很多，留下无尽的遗憾。很多事情在懂得珍惜以后，却往往成了往事。人生就是一列单行的列车，没有人能在时光逝去之后从头再来。对于已经经历过的遗憾，努力向前，将遗憾化作前行的动力，这是调节心绪的法则，也是最后能成大事的一个重要法则。

大卫王非常宠爱小儿子，希望日后他能成为自己的继承人。然而，不知何故，小王子突然身患杂症，无药可医。为此，大卫王开始禁食，无论臣仆们如何劝告，他都不肯吃饭，一直跪在地上，希望上天能够感受到他的虔诚。可是，他所做的一切还是没能打动神灵，小王子最终还是死去了。大卫王的臣仆们害怕他忧伤，一直不敢把这个消息告诉他。但大卫王看到他们彼此低声说话，便猜到小王子死了。

于是，他问臣仆："孩子死了吗？"

臣仆们回答："死了！"

这时，大卫王突然从地上站了起来，沐浴后更换了新衣，敬拜完天神便吩咐仆人摆上饭菜，大吃了起来。臣仆们觉得不可思议，便问大卫王："王子活着的时候，你不肯吃饭，终日哭泣。如今，孩子死了，你一点也不难过吗？"

大卫王说："孩子活着的时候，我希望能够用禁食的方法感动天神，希望他们能够救救我的孩子。可现在，孩子死了，永远地离开了我，我再禁食、悲伤又有什么用呢？"

大卫王的孩子已经离开了人世，就算他继续折磨自己也是枉然。尽人事，听天命，既然当初已经努力过了，即便结果不遂人所愿也没有理由感到遗憾，没有必要后悔。后悔无法改变现实，它只能消弭未来的美好，给未来的生活增添阴霾。这个故事给人们一个忠告：如果你无法得到自己希望的东西，那就试着豁达一些，别让忧虑和悔恨充满自己的生活。

你是自己人生的主人，所以你该主宰自己的情绪，而不是反被其控制，无论你过去曾做过什么蠢事，那都已经过去，你应该向前看，而不是为打翻的牛奶哭泣。

叔本华曾经说过："能够顺从，就是你在踏上人生旅途中最重要的一件事。"如果你为错过了太阳而流泪，那么你也会错过繁星。漫长的人生路上有太多不可预知的因素，有些东西人们能够通过自身的努力，或改变一定的条件将其转化，比如生活条件、学历、婚恋，等等；但也有一些是无法改变的既定事实，比如自己的出身、与生俱来的体貌特征，或是无论怎样努力也无法实现的人生目标，甚至是在争取之后也没能达成的愿望……面对这些无法改变，或是已经发生的情况，人们应该向前一步，用未来的辉煌弥补今天的遗憾，而不是让后悔和伤心无休止地折磨自己。

有一个词语叫作"覆水难收"。人生中很多的遗憾就像一个破碎的花瓶，不管采取什么样的补救措施，都无法改变它已经破碎的事实。人生之路是不可逆转的。当一个人不再为过去发生的事情而后悔，不再因为过去的遗憾而痛苦的时候，那将会得到整个人生的快乐和满足。

学会得之我幸，失之我命的良好心态，才能不枉度此生。相信现在的自己，未来的生活才会充满无限种可能。

◎ 依赖是最亲切的错 ◎

　　人类在很早很早以前就是群居动物，因为一个人很难活下去。现在也是如此，所以才有了集体、有了社会。但不能忘了人同时也是个体，如果过分依赖群体，那么必将失去自我。

　　现在很多人都习惯于麻烦别人，而且麻烦得心安理得。当然，作为社会人，无论在生活还是工作中，总有需要他人帮忙的时候，但请人帮忙或者帮助别人，必须有一个度。一件事实在离了别人的帮助干不了了，那么请人帮助无可厚非；但这件事其实只需你稍加努力就可以做到，那么再请别人帮忙就实在不应该了。

　　也许你会说，在家靠兄弟，出门靠朋友。这些人都是你的好哥们儿、好朋友，请他们帮个忙是理所应当的。殊不知，今天让这个人帮，明天让那个人帮，时间久了，你就有了依赖心理，自己变懒了，能力逐渐退化了。

　　美国有一种家喻户晓的美食叫"琼斯香肠"，吃着很美味，但你绝对想不到在它的背后有一段催人泪下的与命运作斗争的故事。

　　琼斯本来是威斯康星州一个小小的农场主，从小生活贫穷的他，身体强壮，工作认真，因此日子过得还算美满。然而，一次意外改变了琼斯一生的命运。

琼斯出了交通事故，从灾难中醒来的他瘫痪了，躺在床上一动不能动。亲朋好友纷纷前来看他，也许他们认定琼斯这一辈子算是完了，都表示会竭尽所能去帮助他。琼斯当时也曾陷入了绝望的阴影里无法自拔，他每天抱怨命运对他不公，就靠着朋友们的同情和施舍挨日子。

一天，琼斯的母亲实在看不下去了，对他说："琼斯，我不愿意听你说生活的糟糕是上天的意愿。虽然你残疾了，但也要把命运掌握在自己手中，不要埋怨上天，更不要等着别人的同情和帮助。一旦别人的同情和帮助都施舍完了，你将会怎样？"

母亲的话给琼斯以致命一击，他心想："是啊！我为什么只是埋怨上天而没想到靠自己改变命运呢？我的双手虽然不能工作了，但我的大脑并没有坏，我没有资格得到别人的同情和施舍。"

从此，他变得信心十足，这让家人也充满希望。他要靠自己的双手致富，他能自己养活自己，不但如此，他还要养活妻子和孩子。每天，他把对自己有价值的信息和快乐、积极的想法放在心中，而把消极的东西抛到九霄云外。他思考多日，终于把构想告诉家人："我想咱们的农场需要改良，把土地全都种上玉米，然后用收获的玉米来养家畜，趁着家畜肉质鲜嫩时灌成香肠出售，生产一条龙，这种香肠一定会很畅销的！"

事情就这样如火如荼地展开了，果然不出琼斯所料，"琼斯香肠"一炮走红，成为家喻户晓、大受欢迎的美食，琼斯从此改变了命运，过上了富足的生活。

天无绝人之路，生活丢给我们一个难题，同时也会给我们解决问题的能力。琼斯虽然惨遭事故，但他坚信人生没有过不去的坎儿，他依然坚持自力更生，不靠朋友的施舍和恩惠生活，终于战胜了自己，赢得了人生。

为人处世，最好少麻烦别人，这对他人来说减少一个负担，对你自身来说更能得到很好的锻炼和提高。永远都不要认为他人帮你的忙，是理所当然的事情。这需要你在独立和麻烦他人之间，寻找到一个完美的平衡点。

再者，虽说亲戚朋友多走动才会亲近，但是太过亲密，太过依赖别人，也会导致关系疏远。请别人帮忙，也要衡量一下事情是否值得去麻烦别人，明明自己稍微努力就能解决的事，或者明明知道对方帮不了忙，还一定要人家想办法帮忙处理，就会给对方造成负担，可能下次都不敢见你面了。

不要把期望放在别人身上，认真想一下，谁能让你依靠一生？谁能为你遮风挡雨？只有你自己。

一对双胞胎，父母双亡，10岁时就开始在社会上流浪。这一对难兄难弟，虽说是双胞胎，但脾气秉性一点都不一样，老大独立性强，从来不怨天尤人，做事踏实认真，老二则总是依赖大哥，抱怨他人。一晃十几年过去了，老大靠着自己的努力从重点大学毕业，还创办了一家公司，前程辉煌；老二则整日混吃混喝，靠哥哥接济，最后还加入了偷盗团伙，锒铛入狱。

兄弟两个的情况被一个记者得知了，于是记者对他们分别作了采访。在采访时，记者问了他们一个同样的问题："你为什么会走到这一步？"

令人震惊的是，他们两个的回答竟是一样的——"被生活逼的"。

他们的回答并没有错，现实社会就是这样，无论是成功还是失败，大多都是被现实的无奈逼迫的。只不过，老大被生活逼得只能靠自己的双手去努力、去拼搏，以此来摆脱自己的命运；而老二被生活逼得，认为所有人都欠他的，自己不知进取，还走上了不法之路。

其实，每个人的一生都是在自己无法回避的现实环境里面度过的。只不过，面对同样的现实，选择怎样的态度，走哪条路，由自己决定，你不能指望从别人那里得到什么。也正是因为选择的态度不同、道路不同，人生旅途的过程和结局大不相同。

依赖自己，你才能摆脱眼前的不利情况，依赖别人，你只能成为生活中的"残废"。这个世界上除了自己之外没有人能够让你依赖一辈子，只有你自己能帮助自己的时间与自己的寿命一样长。不要让依赖心理控制你、限制你，要主动出击，主宰命运。

人应该是独立的。独立行走，使人脱离了动物界而成为万物之灵；思想独立，你才能摆脱对他人的依赖。依赖别人，意味着放弃对自我的主宰，这样往往不能形成自己独立的人格，还将害得自己一事无成。

◎ 愿崇拜过的那个人安好 ◎

每个人心中都有一个人供自己仰望，不知你是否记得，自己心中的那个偶像是谁。想想童年的梦境，自己曾无数次变身为自己的偶像，但是长大后，就会发现，自己的偶像也不过是个凡人，并没有想象中那样伟大，你不再幻想成为那个崇拜的人，更多的是追求自己的人生。

当然，这样的人是成熟的，可惜的是并非每个人都能如此。有些人仍旧盲目地崇拜着心中的偶像，崇拜到失去自我，将生活中的人化身为神，当作一种符号、图腾去崇拜……无疑，这样的行为有些愚蠢。你心中有一个努力的方向和目标是好的，但若是你没有了自我，那么目标也就没有了意义。

何必要因为别人而将自己的生活打乱，弄得满身是伤呢？如果你已经沉浸在了一个幻想的世界里，那么你就被自己的心灵所控制，成了盲目的奴隶。你或许觉得这样并没有什么不好，但是当你成熟之后，回首过去的自己，也会觉得自己曾经是那样幼稚。

刘敏艳身材高挑，脸上带着可爱的婴儿肥，给人的感觉既美丽又亲切。因为出色的容貌和身材，她被一个影视界的资深经纪人相中了，经纪人推荐她去参加一个大型的选美比赛，优厚的奖金使刘敏艳动了心，她便跟着经纪人来到了上海。

这场比赛十分精彩，选手们来自全国各地，她们各有各的风采，但都非常漂亮。在激烈的竞争下，刘敏艳通过了一轮又一轮的淘汰赛，和其他四名选手一起杀入决赛，竞争冠军的位置。为了让这些决赛选手能够休息一下，调整自己的状态，大赛组织者给了选手们半个月的准备时间。

接下来，刘敏艳开始积极地准备决赛，她分析了几个决赛选手，并将一个叫李琳的选手当作她的潜在对手。李琳具有天生的贵族气质，脸上没有一丝赘肉，五官清晰而精致，显得冷艳而神秘，她每次都能获得评委的好评。面对这样优秀的对手，刘敏艳有点自卑了，她那张肉乎乎的脸绝对没有一丝高贵和神秘可言，她决定要改变自己，在决赛之前让自己瘦下来，能够和李琳一样。

刘敏艳开始了疯狂减肥，每天只吃一点低热量的蔬菜和水果，完全没有主食，在短短的几天内瘦了十斤。到决赛的那一天，经纪人看到她的样子时立刻惊叫起来："你怎么变成这个样子了？"原来，经过短期减肥，刘敏艳严重营养不足，脸上的双颊也瘦得凹陷下去，神色显得非常疲倦，肌肉和皮肤也显得松弛。

"本来你很有可能赢得冠军，但现在的样子看来几乎是没有希望了。那些佳丽们大都身材瘦削，颇具骨感美，婴儿肥正是你与众不同的风格，使你能够凸显出来。遗憾的是你没有看到自己的这一优点，反而去效仿他人，所以你注定失败。"经纪人用无法掩饰的懊悔口吻说道。最终结果也正如这位经纪人所料。

刘敏艳的失败真的很可惜，她盲目地去模仿他人，结果丢失了自己原本的美丽，与冠军失之交臂。生活中像刘敏艳这样的人不在少数，总在别人的影子下活着，失去了自我存在的价值。

这些人盲目地去崇拜别人，他们觉得任何人都比自己要强，谁都会成为他们的偶像。这种人在工作中常常会畏首畏尾，生活中也不愿意担当责任，他们常常会把"我算老几呀"之类的话挂在嘴边，其实这是一种极不自信的表现。信心、勇气是力量的源泉，是一个人立于世界最好的助手。

每个人都是独一无二、无可替代的，你若是相信这一点，那么你就能够成就自己的人生，在成功之后，你也会在心中问候那个崇拜过的人，此时的他会成为你成功路上的一块基石，而不再是一尊神。

彭帅是一个残疾人，小时候因为车祸没了双脚，他在一所中医学校学会了按摩，所以，毕业后自己开了一家私人诊所，专门给病人推拿。彭帅不仅医术精湛，而且还是个阳光帅气的小伙子，他喜欢给自己打扮，一头乌黑的头发，再加上一副墨镜，给人的第一印象总是酷酷的。他生性乐观，爱好广泛，还曾经和朋友们组建了一支摇滚乐队，担任架子鼓鼓手，他打出来的鼓点不知道感动了多少人。

一天，有个摄影师因患腰椎间盘突出，久治不愈，慕名找到了他的诊所。通过几次治疗，彭帅与摄影师成了无话不谈的好朋友，摄影师了解了彭帅的业余爱好后，说："你的爱好那么多，要不跟我学摄影吧，不过摄影可是要去很多地方，有时候要进山里，你敢不敢玩？"

"当然敢玩！我相信没有我做不了的事！"彭帅很坚定地说。

第二天，摄影师拿来了一部单镜头反光照相机，彭帅不由心里发虚了，没想到昨天的一句玩笑，摄影师却当了真，难道真的让他去采景吗？虽然心里忐忑不安，但是盛情难却，只好硬着头皮接过了相机。

彭帅长这么大从没摸过照相机，一切都得从零开始。摄影师很有耐心，一点一点地教他，快门、光圈、对焦、运用光线……彭帅一点一点学习着，他每次外出采景时，都要带着外伤药，因为小腿与假肢相连的部分，常常会因为过度摩擦而出血。

但是，彭帅一直坚持着，他相信，正常人能做到的事他也能做到。

彭帅爱上了摄影，他一有时间就跟摄影师去户外采风，悟性极高，摄影技艺与日俱增。在一次摄影比赛中，他拍的作品获得了优秀奖，在摄影师看来，他简直就是一个伟大的奇迹！

彭帅身为一个残疾人，却以自己的意志力战胜了身体上的缺陷，完成了自己人生的奇迹。

阿基米德说："如果给我一个支点，我便可以撬动地球。"虽然是不可实现的豪言壮语，但是，阿基米德的勇气令人佩服。如果你也想成为这种英雄式的人物，那么必须丢掉你那崇拜、羡慕的目光，切实地激励自己，坚定信心，相信自己走上舞台也会如明星般耀眼；进入办公室，你是所有人中最出色的一位。

造物主在创造每个人的时候都是公平的，只要你丢掉怯懦、害羞，抬头挺胸地迎接每一个挑战，你便会成为别人的偶像，你就是你自己的奇迹。

◎ 给脆弱开个药方 ◎

一个有追求的人，无疑比普通人更容易遇到挫折，受到打击，甚至招来别人的忌妒与恶意的阻挠，这时候，有些人猝不及防，开始悲伤，心理越来越脆弱，害怕流言，害怕别人的眼神，甚至向别人示弱，希望获得别人的同情，以期他们不再针对自己。

但是这样做的结果并不一定是自己预期的那样，因为你得到的不一定就是同情，还可能得到嘲笑。脆弱不可耻，但若是你自己不能疗愈，那么你就只能供人同情或是嘲笑。

脆弱的时候，人们都渴望他人的同情和援助，希望得到一句安慰，希望他人能够包容自己一些，给自己一点力量，这种渴望无可厚非。可是，一旦你把脆弱视为一种特权，一而再、再而三地烦扰别人，别人就会由同情变为厌烦，再到嘲笑，因为，这样展览脆弱的你，已经承认自己是个弱者，终究要被别人嘲笑。

脆弱的一面不应该给别人看，除非是特别亲近的人。想要得到别人同情的想法，也应该尽量摒弃。世界上值得同情的人很多，但同情又能如何？让所有人看到你的不幸，不如坚强一点，让所有人看到你的成功，去为成功之后的故事惊叹。

莎士比亚有一句名言："脆弱啊，你的名字是女人。"秦太太不知不觉似乎成了这样一个女人。她曾经是学校里数一数二的美女，知性的气质和乖巧的性格让男生们心动不已。毕业后，她嫁给了大学时代的男朋友，在家做全职太太，她以为，生活会像童话说的那样，"王子和公主从此过上了幸福的生活。"

可是婚后两年，秦太太发现自己已经沦落为黄脸婆，每天的工作就是打扫和煮饭，忙不完的家务。秦太太耳闻老公与公司的秘书过从甚密，询问丈夫，得到的却是丈夫粗暴的回答："别人说什么你就信什么？耳根子怎么这么软？"但是，在丈夫的态度中，她已经知道了答案。

又一个晚上，丈夫去"出差"，秦太太一个人坐在沙发上，一夜睡不着，她不明白为什么丈夫会这样对待她，生活要给她这么艰辛的考验，她不知道自己还能忍受多久，又该忍耐多久。无助的她给自己大学时的好朋友们打电话，大家一致告诉她："赶快出去工作！"

秦太太不是个有主意的人，但她听人劝。她知道大家说得没错，只要有一份好工作，即使离婚也不用担心，而且有自己的收入，就不必再做一个家庭的从属。秦太太很快找到了一份工作，为此丈夫还和她大吵了一架，闹到最后，两个人终于以离婚收场。

此后，她专注事业，她毕竟是一个名校毕业的优等生，很快就发挥出自己的才能。几年后，她已经有了自己的地位，有时候出入商务酒会，还能看到自己的前夫——他现在已经再婚，身边就是他当年的秘书。每当前夫看到优雅美丽的她，脸色都会黯淡一下，而她，镇定自若地打着招呼，身后跟随着他人爱慕和赞赏的目光……

脆弱，是我们每个人都曾有的情绪，甚至是有些人根深蒂固的性格。面对现实，他们没有勇气面对，更没有勇气反抗，他们只能随波逐流，坐以待毙，他们永远不能扬眉吐气地面对伤害自己的人，对待生活总是消极绝望，逐渐变得麻木。

　　这种听天由命的态度并不是豁达，而是一种自暴自弃，把什么事都交给命运的安排，这样的人，又怎么能对自己负责，做人生的主人？人应该对面临的苦难有一种宽容的心态，但并不代表要作践自己，连自己的权益都不能维护，要知道宽容的前提之一，就是自强，只有一个强者才能做到真正地对人宽容，否则人们只会认为你这是无奈之下的假装大度。

　　脆弱是留给自己去治愈的，而不是展现给别人看的，你若是让人看到了你的脆弱，也无异于将自己的弱点展现给了别人。这是非常危险的行为，还是不要去尝试的好。否则当你被人用弱点打败的时候，除了彷徨、伤心便再也没有挽回的余地了。

　　记住，只有强者才能让人欣赏，脆弱始终要留给自己，不要被脆弱控制了，相信自己能够战胜它，用自己的坚强打败它，你才能立于不败之地，享受鲜花和掌声。

◎ 固执不是坚韧，而是愚蠢 ◎

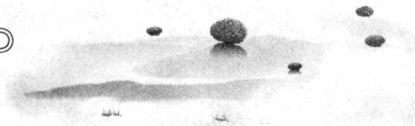

世界上很多词语都是对立的，有聪明人就一定有愚蠢的人。但这两个词之间并没有明显的界限，很多时候，聪明的人也会做出愚蠢的事。

想要成功，自然要有韧性，要懂得坚持，但坚持不等于固执，固执是一种对自己的盲目信任，走错了路仍然不知回头。这样的人无疑被自傲控制了，直到头破血流的那天才会发现，自己曾经做出了多么愚蠢的决定。

很多时候，理想和现实之间都有一定的距离，你必须学会随时去调整，不管什么时候，都不该为不切实际的誓言和愿望活着。聪明的人与愚蠢的人的区别也就在此：前者懂得变通，知道何时该坚持，何时该放弃，何时该改变；而后者只懂得顽固地坚持，一成不变地固守。

生活中坚持必不可少，但审时度势、适时而变也是需要的。对于事情的理解，不要总是坚持自己的想法，要善于站到其他角度来看待事情的本身。

有一个捕鱼技术非常娴熟的渔夫，平日里总喜欢随便发誓，而且他非常固执，就算自己立下的誓言不合实际，他也不肯改变，宁愿将错就错。一次，他听说市面上墨鱼的价格非常高，于是他立下誓言：这次出海只捕捞墨鱼，大赚一笔。然而，这次的鱼汛带来的全是螃蟹，为了坚守自己的誓言，渔夫只好空手而归。等到他上了岸，才知道螃蟹的价格比墨鱼还高，为此他非常后悔，发誓以后只捕螃蟹。

过了一段时间，他再一次出海，这回遇到的全是墨鱼，为了实现自己的诺言，他不得不把这些墨鱼放回海里。晚上，渔夫饥肠辘辘地躺在床上，他又发誓：不管是螃蟹还是墨鱼，下一次都要带回来。

然而，海神似乎在和他开玩笑，渔夫第三次出海捕捞上来的既不是螃蟹，也不是墨鱼，而是其他的鱼。为了遵守誓言，渔夫又一次空着手回去了……可惜的是，他没有再一次出海的机会了，因为第二天他就在饥寒交迫中死去了。

渔夫死于饥寒交迫中，实在令人觉得惋惜，他出海三次都有收获，这些东西足够他享用许久，只可惜他固守誓言，最终死在了自己的固执之中。执着确实能带来美好的人生，但若是过分执着就是固执了，固执不是坚韧，而是愚蠢，它无法帮你实现任何理想，只能带来麻烦和灾难。

其实，这个道理很多人都明白，只是很少有人能够做到，因为人们难以分清什么时候该坚持，什么时候该放弃。所以二者择其一，最终选择无理由的坚持，而这样自然容易作茧自缚，将自己编织在自以为安全的蚕茧中，被束缚了手脚，也被束缚了思想。

固执只会导致不好的结果，这时会发现曾经自以为聪明的决定实则愚蠢至极。就算过去曾经做过固执的事情，但今天你可以选择改变，这样才能顺应环境，才能掌握真正的生存之道。

放下你的固执吧！你可以在人生的道路上轻装上阵，尽情地拥抱雨露阳光，收获像金黄的稻子般的幸福和快乐，走向无限广阔自由的天地。

第二辑
从宽容看是非，会看见解脱

　　人生在世，是非不断，他人的意图、言辞、行为，总是困扰着我们的生活，想从这纷纷攘攘中解脱，需要的不是八面玲珑的头脑，而是海阔天高的心胸。

　　一滴墨放入水杯，水的颜色立刻变黑；一滴墨放入大海，大海依然蔚蓝，让心灵容纳更多的东西，而不是被拖累，这就是宽容的境界。

◎ 不能参加的"拔河比赛" ◎

　　古人言："世俗之人，皆喜人之同乎己而恶人之异于己也。"人们都希望自己的看法和观点得到别人的认同。然而一千个读者眼中有一千个哈姆雷特，世界上没有两片相同的树叶，更何况人的想法。

　　与人交往，意见不合是正常的事情，出现分歧也是正常现象。当与他人产生意见的不统一时，不要纠缠着与人持续地争论。不如理性地跳出自己的立场，试图站在对方的角度去看待问题，如此将两种观点相对比，便能得出更为客观的结论。

主观的意见本身就带有强烈的个人色彩，如果大家都坚持自己的观点，最终不会有任何结果，两人还会不欢而散。别让这种固执控制了你，就算对方的观点有错又怎样？会影响你的人生吗？你实在没有必要因为别人的错误折磨自己，不如大度一点，对自己也是一种善待。

古时有两个人发生了争论：甲认为四乘七等于二十七，乙认为四乘七等于二十八。两人争论了一天一夜，谁也没有说服谁，最后只好去找县太爷理论。

结果是，认为四乘七等于二十八的人挨了二十大板。

乙感到非常委屈，颇为不服，责怨县太爷处事不公。县太爷却说："你竟和认为四乘七等于二十七的人争论，本身就很愚蠢，难道不该受罚吗？"

这句话的确耐人寻味。这世上大多数的争论其实都是愚蠢而没有必要的。有理也不一定非要用争辩来证明自己是对的。明明掌握了真理，却不能理性地处世，而是纠缠于一些无谓的争论，浪费自己的才智，破坏自己的心情，也实在是一件愚不可及的事。

用理性避免无谓的争论，是一个人具有大智慧的体现。如果你遇事一味地辩论、争强，或许能获得语言上的胜利；但这种胜利往往是以牺牲自己的心情、人缘为代价的，因为你可能再也得不到对方的好感了。林肯就曾这样对一位和同事发生争论的青年军官说："任何决心有所成就的人，绝不肯在私人争辩中耗费时间。争辩的结果，包括发脾气、失去自制，其后果是难以让人承担得起的。"

一桩小事给卡耐基留下了深刻的印象，让他明白：得到争辩最大利益的方法就是——避免争论。

戴尔·卡耐基被邀请去参加宴会。宴席中，坐在他右边的一位声名显赫的先生讲了一段幽默的故事，并引用了一句话，大意是"谋事在人，成事在天"。

那位健谈的先生随后补充道，他所征引的那句话出自《圣经》。

"他错了，我知道，"卡耐基回忆说，"我很肯定地知道出处，一点疑问也没有。为了表现优越感，我毫不客气地纠正了他。他立刻反唇相讥：'什么？出自莎士比亚？不可能！绝对不可能！那句话就是出自《圣经》。'"

"那位先生坐在右边，我的老朋友法兰克·葛孟在我左边。他研究莎士比亚的著作已有多年，于是我俩都同意向他请教。"卡耐基继续说，"法兰克听了，在桌下踢了我一下，然后说：'戴尔，你错了，这位先生是对的。这句话出自《圣经》。'"

那晚回家的路上，卡耐基对法兰克说："法兰克，你明明知道那句话出自莎士比亚。"

"是的，当然，"他回答，"哈姆雷特第五幕第二场。可是亲爱的戴尔，我们是宴会上的客人。为什么要证明他错了？那样会使他喜欢你吗？为什么不保留他的颜面？他并没问你的意见啊，他也并不需要你的意见。为什么要跟他抬杠？永远避免非理性的、不必要的正面冲突。"

非理性、不必要的正面冲突应当能免则免。的确，生活中的争论往往不过是鸡毛蒜皮的日常小事，说白了，不过是萝卜白菜各有所爱。无谓的争论，便仿佛是因为自己喜欢吃苹果，就一定要跟喜欢吃西瓜的人证明苹果更好吃——这样的争论，无论输赢，除了让两个人争得面红耳赤、心情不悦外，还能带来什么呢？即使你巧舌如簧赢得了这场辩论，你就能让对方因此而尊重你，对你产生亲近感和好感吗？恐怕不仅不能这样，反而会让对方对你产生抗拒感。

言辞如刀。失去理性的无谓争论往往容易让人失去自控能力。在不断升级的话语攻击中，态度渐趋蛮横，言辞逐渐伤人，在不理智的情况下不由自主地去挑战对方的心理底线，甚至演化为人身攻击。从而导致双方的仇视、憎恨，以致让冲动之火烧毁了理智的缰绳。

英国有句谚语："无谓的争论就像家鸽，它们飞出去后还会飞回来。如果你我明天要造成一种历经数十年直到死亡才消失的反感，只要轻轻吐出一句恶毒的评语就够了。"

很多时候，一个问题没有绝对的"对"、"错"之分，不过是立场、喜好、出发点的不同。与人发生分歧时，倘若非要分辨个是非对错，效果反而会适得其反。争论就相当于一场拔河比赛，与其说是在争论正义，还不如说是在争论个人的胜利。没有人是常胜将军，更何况你的看法也不一定正确，如果被过于强烈的自尊心和好胜心控制，你就会被各种情绪折磨。与其如此，不如尊重对方，用理性克制争论的冲动，如此既成全了对方的面子，也让自己多了一个朋友，既然这样，何乐而不为？

◎ 用老鼠的眼睛看世界，猫就成了狮子 ◎

一个人眼界的高低反映了他内心的宽广与狭隘，而内心的宽广与狭隘则决定了你的人生态度。若是你用老鼠的小眼去观察世界，那么你能够看到的东西就有限，而且一切东西都会在你的眼里无限放大，那些本来不大的危险到你眼中也会成为致命的危机！

若是你的心空间不够大，那么负面情绪一滋生，就会带来各种各样的负面情绪，如惧怕、自卑、恶毒、脆弱、敏感……它会蔓延到你心中的各个角落，占据你的每一个意识，甚至让你的所有行为都被这种忌妒影响，让你的生活重心不自觉地发生偏移。从前，你为自己而活；现在，你的生活都在围绕那个你忌妒的人，时而惧怕，时而厌恶，时而羡慕……

一只大老鼠躲在老鼠洞里不敢出来，它对小老鼠们讲："世界上最厉害的东西就是猫！猫是天底下最凶猛的动物，它们的爪子能一下子抓烂我们的骨头，遇到猫，我们一定要远远地躲开！"一边说，一边瑟瑟发抖。

"不对啊！"一只小老鼠说，"我听人说，狮子才是世界上最厉害的！"

"猫就是狮子！"大老鼠说，"它们的毛，它们的爪子，它们的牙齿，让所有人都害怕！"

"它们真的是同一种动物吗？我看电视，狮子和猫不是一个样子。"小老鼠说。

"别胡说，让猫听到小心吃了你。"大老鼠叹气道，"我一直希望自己也是一只猫，这样就可以什么都不怕，每天都有好吃的，不用东躲西藏，哼，猫真是幸福的动物，真让人看不顺眼……"

"可是……"小老鼠怯懦地低声说，"昨天我还看见那只猫被狗欺负……"

大老鼠并没有听到小老鼠的话，它仍然沉浸在对猫的忌妒中，它什么也听不到。

俗话说，一叶障目不见泰山，负面情绪一旦蔓延，会以不同形式表现出来。故事里的老鼠畏惧猫，到了将猫当成狮子的程度。若是我们也如同这个老鼠一样，用它的眼睛来看世界，那么困难就被放大，以至对整个世界的印象，也跟着这种心态被扭曲。

恐惧会改变你的生活，它会让你草木皆兵，眼里、心里充斥的都是可怕的事情，而这些东西会让你忽视生活的美好，想的只有失败，最终将这种失败变成一种现实。其实完全没有必要，为什么总要用老鼠的姿态去瞻仰猫呢？

困难是生活的常态，我们从容处之便能看到幸福，也会得到解脱。

雨笙高中的时候，曾经用三年的时间忌妒同班的一个女孩，原因也很简单，雨笙一直暗恋的男孩追求那个女生做自己的女朋友。雨笙承认，那个女孩美丽温柔，学习也不错，人缘也很好，简直挑不出毛病，而自己却是个喜欢打球的假小子，没什么女人味，她理解男生的选择，但是，忌妒之火一旦燃起，就根本扑不灭。

雨笙想留长头发，想要模仿那个女孩的发型；听说那个女孩平时练书法，雨笙自己也报了一个书法班；那个女孩是英语课代表，每天用清亮的声音带领大家晨读，雨笙每天都在家里念几个小时的英语，为的就是在口语上超过她；每次考试，雨笙更是注意女孩的每一门成绩，她的成绩那么高，贪玩的雨笙望尘莫及……

在这样的煎熬中，雨笙终于考上了大学，她庆幸自己在报考志愿的时候还算清醒，没有和那个女孩填同一所学校。这段青春故事伴随着毕业落幕，领毕业证的那一天，雨笙突然觉得很感谢那个女孩，如果没有这个完美的女孩，自己根本不会考上一所重点大学，这样一想，雨笙终于释然，微笑着和那个女孩打着招呼。

没想到那个女孩露出了羞涩的微笑，对她说高中三年，自己都很"仰慕"雨笙，她觉得雨笙长得帅气，幽默、活泼、讲义气，即使每天都在玩玩闹闹依然有那么好的成绩，只是她们的个性差得太远，她一直没有主动和雨笙说话，她觉得雨笙是整个高中她最欣赏的女孩，如果可以，她也想和雨笙一样……雨笙跺着脚大叫说："你说什么？你知道吗？我忌妒你忌妒了整整三年！三年！"

忌妒和恐惧一样，都是我们心灵中需要清除的杂草。忌妒的本质是羡慕，从另一个角度来看，也是对自己的一种贬低。每个人都有自己的人生路，别人的花园再美也没有必要羡慕，毕竟你有属于你的幸福。

不要用针眼大的心胸去看待生活，放宽心，只看那些能够让自己感受到幸福的事情，人生才能充满快乐，你才能够从容面对每一天。

◎ 温和的反对，好过直白的否定 ◎

世事无绝对，很多事我们都不能肯定地说出是非对错，但是我们又很容易犯这种错误。比如，有时我们可能会否定一个人，或是被一个人否定。当我们被否定的时候，对方的言语一定是刻薄的，就连对方的眼神看起来都充满了鄙夷。这或许有我们的主观看法，但不能否定，对方给我们直观的感觉就是这样的。同样，你若是轻易否定一个人，在别人眼中，你也是一个尖酸刻薄的人。

否定一个人很简单，但如果你总是一味地否定他人，那么就会给你带来极其不好的影响，甚至会让人觉得你十分不友善。无论别人怎么不好，你都不要轻易完全否定他。因为宝石有宝石的光彩，石头也有石头的价值。

张娟大学毕业后，来到一个陌生的城市开始了自己新的生活。她历经千辛万苦终于找到了一份工作，由于她是第一次接触这种工作，又没有什么工作经验，所以有很多地方都不懂，甚至连一些基础的东西都不得不去请教其他人。

然而，当张娟非常谦虚地向同事请教的时候，却遭到了一位同事的嘲笑，说她的能力简直差得要命，留在这里根本就没有任何价值，能进入这个公司也必然是走后门托关系的，还时常用鄙夷的眼神看她。为此，张娟感到非常苦恼和难过，但张娟最终还是咬牙留了下来，并努力工作，从而充分地体现了自身的价值。

最后，张娟成了那位同事的上司。

今天的不足不代表明天的失败，当别人的能力还不够时，当别人的能力还未得到完全展现时，请试着用宽容的心去看待，不要去嘲笑他人，更不要去一味地否定他人的价值，或许有一天他会比你更成功。

生活中经常会出现这样一种情况：在对方陈述他们的某种观点时，我们总会习惯性地否定对方，"不是你说的那样""你说得不对""你错了"等，仿佛只有自己的高谈阔论才是真理。其实，有时并非对方说得没有道理，而是人们的虚荣心作怪，总是觉得对方说对了，自己就是错的，会让自己很没有面子，或者是过于自傲的性格让自己不肯客观地看待问题。殊不知，就是这样的行为破坏了双方的关系，甚至还会引发人为的战争。

其实仔细想想，我们自以为对的想法不过是一家之言、片面之词。所以当我们面对别人的说辞时，要谦虚一点，与人为善，不要一味地否定他人。

世界是丰富多彩的，一个问题并非只有一个答案，换个角度想想，就会有意外的发现。既然有如此多的答案，那么我们就应该尽可能地从多个角度、多个方面考虑问题。

很久以前，普陀山的一座寺庙里住着老和尚和小和尚两个人。他们师徒二人在寺庙中吃斋念佛，相依为命。小和尚还算机灵乖巧，可是有些时候看待问题或做事情却显得有些固执，总认为自己是对的。

有一次，老和尚给小和尚出了一道题："一个非常爱清洁的人和一个生活很邋遢、不讲卫生的人一同从外面回来，是爱清洁的人先去洗澡，还是不讲卫生的人先去洗澡？"让他给出一个合理的答案。

小和尚仔细地想了一阵，答道："肯定是不讲卫生的人先去洗澡，因为他身上非常脏，需要去洗澡。"老和尚听完小和尚的回答，不置可否。

小和尚以为自己的答案不正确，又改口说道："一定是那个爱清洁的人先去洗澡。"

老和尚听完，只是问："为什么？"

小和尚这次变得胸有成竹了，理直气壮地说："原因很简单，爱清洁的人有爱洗澡的习惯，不讲卫生的人没有勤洗澡的习惯，只有爱清洁的人才会因为长时间没洗澡而先去。"说完，小和尚信心十足地看着师父，等着他老人家的肯定。可出乎意料的是，老和尚非但没有肯定小和尚的观点，反而说小和尚的悟性差，小和尚这下是丈二和尚摸不着头脑了。

"两个人一同去洗澡，爱清洁的有洗澡的习惯，不讲卫生的有洗澡的需要。"小和尚补充道。可师父的脸色告诉他，这次他又错了。

小和尚只剩下一种选择，于是怯生生地回答："两个人都不去洗澡，原因是爱清洁的人很干净，不需要洗澡，不讲卫生的人没有洗澡的习惯。"

他的话刚说完，老和尚满意地说："实际上，你把四个有可能的答案都已经全部说出来了，可是之前你每次只认准其中的一个是正确的，这样你的答案是不全面的。因此，单单只拿一个出来都不是准确的答案。"

在我们的生活中，这样的例子并不少见，许多问题并非只有一个永恒的答案，所以没有必要为了一个不固定的答案而去与他人争辩是非。尤其是在与人的交往中，往往很多时候并非因为说得不对或做得不对，而仅仅是没有全面地考虑问题。

我们在否定和为难别人的同时，自己也同样被否定了。

其实，我们完全可以十分快乐、大方地肯定对方的观点，学会点头称"是"。我们可以欣赏对方的观点、辩词和言论，想想他们所说的有哪些是合理的、正确的、有益于我们的地方。如果在言辞上较劲儿，很多时候都是无益和徒劳的。

相反，自己如果能够认真地倾听对方，并表示认可，不仅会使我们启悟智思、谦听受益，还会使我们交到更多的朋友。就算对方的观点错了，你需要去纠正，也不一定要直言他的错误，你可以像老和尚那样选择引导，委婉地反对对方的观点，对方自然会反省，也会感谢你的体谅。

放宽自己的心，不要让傲慢和虚荣控制自己，静下心来想一想对方是否真的错了，用委婉的方式去提醒对方，试着用欣赏的眼光去看对方，这样你身边的朋友才能越来越多，你的人生才会别开生面。

◎ 换位思考，理解的第一步 ◎

　　每个人都在扮演着多种角色。同样的一个人，在人生中扮演的角色又不尽相同。小时候，孩子是父母眼中的希望，父母是孩子眼中的靠山。而长大后，孩子又成为父母的依靠。这个简单的事实说明了一个规律，这是一个人的身份不断变化的世界。

　　在我们的身份不断发生变化的同时，我们的心也在不断发生着变化，因为站在了不同的位置，所以要从不同的角度看问题。实际上，生活中我们时常要学会换位思考，这样才能适应不断变化的世界，才能保持内心原有的平静。

　　球王贝利是足球界人尽皆知的明星，但是他的成长也同样经历了从懵懂到成熟的过程。贝利在很小的时候就显示出了非凡的足球天赋。随着了解贝利的人越来越多，许多认识或者不认识的人开始和贝利打招呼，还向他敬烟。像当时所有的未成年男孩子一样，贝利喜欢吸烟时那种"长大了"的感觉。

　　有一天，当贝利在街上向人要烟时被父亲看见了。父亲的脸色很难看，他没有想到自己引以为傲的儿子竟然做出了这样的事情。小贝利低下头，不敢看父亲的眼睛。因为他害怕看到父亲失望的眼神。

　　父亲说："我看见你抽烟了。"贝利不敢回答父亲，一言不发父亲又说："是我看错了吗？"贝利盯着父亲的脚尖，小声说："不，你没有。"

父亲问："你学会抽烟多久了？"

贝利小声为自己辩解："我只吸过几次，几天前才……"

父亲没有听贝利过多的解释，打断了他的话，说："告诉我，香烟的味道好吗？我没抽过烟，不知道烟到底是什么味道。"

贝利小声说："我也不知道，其实感觉并不太好。"贝利说话的时候，突然绷紧了浑身的肌肉，手不由自主地往脸上捂去，因为他看到站在他眼前的父亲猛地抬起了手。按照贝利的想象，那将是一记响亮的耳光，但是父亲顺势把他搂在了怀中。

父亲说："你踢球有点儿天分，也许会成为一名高手，但如果你抽烟、喝酒，那就到此为止了。因为你将不能在90分钟内一直保持一个较高的水准，这事由你自己决定吧。"

父亲说完，打开他瘪瘪的钱包，拿出几张为数不多的皱巴巴的纸币，父亲对贝利说："你如果真的想抽烟，还是自己买的好，总跟人家要，太丢人了，你一般买烟要多少钱？这些钱够吗？"

贝利深深低下了头，为自己以前的行为感到了羞耻。从这件事情以后，他再也没有抽过烟。后来贝利凭借着过人的天分和勤学苦练，终成一代球王。

未成年的儿子吸烟，对于任何一位父母来说，这都是不能容忍的事，贝利父亲同样不能容忍，但是他没有用简单粗暴的方法制止儿子，因为他也经历过离经叛道的青年时代，知道孩子在这个阶段会做的一些事，他通过换位思考，选择了不会让儿子难堪的方式教育了儿子。而贝利呢？因为父亲的体谅，明白了父亲的良苦用心。

试想一下，如果只是站在父亲的角度呵斥儿子呢？显然，贝利已经意识到了自己的错误，倘若是父亲没有体谅他，那么为了一时之气，他可能走的就是另一条路了。

卡耐基说："与人相处能否成功，全看你能否以同情的心理，体谅和接受他人的观点。"以同情的心理，站在对方的立场去看问题，指的就是换位思考。在现实的工作中，如果双方能有换位思考的精神，工作往往能够事半功倍。如果只是单纯地一味从自身利益出发，不考虑其他人的利益，这样就很难取得预期的成功。

老刘在自己的网络公司新开了一个项目，这个项目在前期需要投入的资金很大，不仅需要他亲力亲为地监督项目的运作，还要求与此项目有关的人员在项目未完成期间不能请假。

新项目开展后，公司里不少员工都不得不在白天工作完后，晚上继续加班。老刘看到员工们这样任劳任怨，就得意扬扬地说："这叫战友情谊！"

但是时间一长，就有员工开始抱怨了。

那天，负责此项目的小李在洗手间抱怨公司没人性，说老板不但不替员工考虑，还变相压榨员工。老刘正好在洗手间外面，听到了小李的抱怨后，顿时怒火中烧。他指着小李，大声呵斥道："你领我的薪水，就要替我干活。如果不想干，可以交辞职报告！"

老刘说的本是一时气话，谁知小李马上就递交了辞职书。

冷静后的老刘想到，小李在此项目中有着举足轻重的作用，就有些后悔了。可惜木已成舟，怎么做也不能把小李留住，就这样，由于此项目中的负责人小李的离开，老刘在这个项目上付出了很大的代价。

在与人的交际生活中，换位思考的重要性是不言而喻的。人与人之间的交往，不仅仅需要坦诚相待，更需要换位思考，只有不断地换位思考，彼此之间才会懂得尊重。换位思考是一种宽容，虽然你可能仍旧不同意对方的观点，但至少在对方看来，你曾为理解他而做出过努力，这就够了。

与人交往不能仅仅凭着感性，还要有理性，不要像老李那样，因为一时之气就被情绪控制住，试着站在对方的位置思考一下，说不定就能够互相理解、体谅了。

不要再去抱怨周围的人对你是否友善，也不要去想着利用自己的权势让人驯服。每个人都是一个独立的个体，只有不停地换位思考才能够让彼此尊重，才能让内心达到平和的状态。

◎ 摆脱仇恨最好的办法就是宽容 ◎

英国哲学家培根曾这样论及报复："报复的目的无非只是为了同冒犯你的人扯平，然而有度量原谅别人的冒犯，就使你比冒犯者的品质更好。"

世界上最宽阔的是海洋，比海洋更宽阔的是天空，比天空更宽阔的是人的胸怀。宽恕就是这样一种比天空更宽阔的胸怀，它能够化解世界上最顽固的敌意和最强烈的仇恨。

宽容是一种美德和智慧，就像书中所写："一只脚踩扁了紫罗兰，它却把香味留在了那脚跟上，这就是宽恕。"世界上只有一种人能够做到没有永远的敌人，那就是懂得宽恕之道的人。

在仇恨面前，极少有人能够做到一笑泯恩仇，但这并非真的做不到，而是不愿意去做。当仇恨占据内心的时候，恨不得对方永世不得翻身，但就算对方如你所说，又能如何呢？不过是对方的生活发生了改变，你的生活并没有前进，更何况报复要付出大把的精力和时间。

用大把的时间去改变别人的生活，意义何在？别让仇恨占据了自己的内心，放宽自己的心，任由仇恨溜走，你才能拥有成大事者的胸怀和气度。

长寿王仁政爱民、慈悲为怀，使国家风调雨顺、财富民丰。然而不承想却因此而勾起了邻国贪王的野心，准备出兵抢夺。长寿王不愿殃及无辜百姓，便决定舍弃王位，与儿子长生一起遁隐山林。

贪王占领了长寿王的国土后，欲壑难填，仇意肆起，下令追捕长寿王父子。长寿王在一次敌我力量悬殊的偷袭中，为了保护儿子而不幸被捕。临死前，长寿王看到自己的儿子混杂在人群中，满怀仇恨地盯着贪王，便大声说："希望我的儿子能以仁为诚，以德报怨，不要为我报仇。"

虽然听到了父亲的遗言，但满腔怒火的王子一心只想着报仇。于是他千方百计地得到了贪王的赏识，进而成为贪王的贴身侍卫。

在一次伴随贪王出行的途中，长生刻意让贪王远离随从，在山林间迷了路。筋疲力尽的贪王躺下来休息，在其熟睡之际，长生正准备动手杀了他，但忽然想起父亲的遗言，便犹豫不决起来。

最终，长生决定尊奉父亲的遗言，原谅贪王。同时，主动向贪王表明了自己的真实身份，并说："你杀了我吧，免得我报仇的念头又死灰复燃。"

震惊的贪王被长寿王父子的宽容和仁慈所感动，当下幡然醒悟。于是将国土归还给了长生，两国从此结为兄弟之邦。贪王自己也一改残暴，像长寿王一样善待人民、体恤疾苦了。

正如圣严法师所说："慈悲没有敌人，智慧没有烦恼。"真正的宽容来自于博大的胸襟，来自于爱人如己的智慧。的确，心怀宽容，尤其是面对仇恨时仍能容纳对方，是让人肃然起敬的。然而，生命的意义就在彼此的接纳中展现出它的和谐之美。饶恕是一种极高的境界，一个饶恕别人的人，也会因为自己的生活中不再充满仇恨而得到心灵的释放。

好在我们还没有遭遇像长寿王父子那样的仇恨，但人们在生活中也大都会受到有意无意的伤害。有的人生气后，随时间而淡化；有的人拿起武器进行反击，并适时而止；有的人，置之一笑，调整好心态，继续走自己的路；而有的人，却无法从不快的心理阴影中走出来，他们常常扒开伤口查看，每看一次，伤口便扩大一分，于是报复心理便随之产生。且不说能否给对方造成痛苦，单就其本人为此所浪费掉的宝贵时间、破坏掉的好心情，也无不使其因受制于别人而偏离了自己原有的人生轨道，心灵自然也就无法自由地飞翔。但反之，当他人以恶劣的态度相向时，我们若能忍耐一时之气，以宽容之心对待，以理智之态处理，那么在不知不觉中便会创造出许多美好。

报复可以解一时之气，但仇恨就此结下，人们将自己困在仇恨的牢笼中，故步自封，不肯向前，毁掉的只有自己的生活。为什么一定要将原本美好的生活用仇恨毁得两败俱伤呢？说到底，不过是因为自己的心不被自己控制罢了。

宽容是一种解脱，是对自己的一种善待。就像人们常说的，我们的心如同一个容器，当爱越来越多的时候，仇恨就会被挤出去。消除仇恨并不需要刻意地复杂而为，只要用一颗简单的宽容之心来不断充实自己，那么仇恨自然也就没有容身之所了。如此，仁爱的光芒便会照亮我们的心灵，让我们在参透人生智慧的同时，获得那份难得的从容与超然。

◎ 以退为进，能者的撒手锏 ◎

在固有的观念中，人们总是认为，痛是因为感觉到生活不如意。如果肯往深的方面考虑，人之所以痛苦，其实在很大原因上就是不懂得。

不懂得在适当的时候弯腰，磕着的就是自己所谓高昂的头颅；不懂得选择恰当的时机宣传自己，醇香的酒最终只能在小巷子里飘香；不懂得人生的起伏跌宕，就很难有一个很好的心态去面对生活中的成败得失。

一个人最痛苦的时候绝不是身处险境，背后是万丈悬崖，而是处于十字路口时，茫然不知方向。有的人能够承担自己的痛苦，那是因为他懂得痛苦的价值。人们往往羡慕智者，并不是因为智者有着多么高的智商，而是在岁月的积淀中，他们懂得了常人不懂的人间真理。

春秋时期，楚庄王为了增强自己的势力，发兵攻打庸国。由于庸国奋力抵抗，楚军一时难以推进，楚将杨窗也被俘虏了。三天后，由于庸国的疏忽，杨窗竟从庸国逃了回来，他对楚庄王说明了庸国的情况："庸国人人奋战，如果我们不调集主力大军，恐怕难以取胜。"

楚将师叔出了一个主意，建议用佯装败退之计，以骄庸军，从而再去进攻他们。因此，师叔带兵进攻，开战不久，楚军佯装难以招架，败下阵来向后撤退。像这样一连几次，楚军节节败退，庸军七战七捷，不由得骄傲起来，军心麻痹，军队渐渐松懈了斗志，对敌人的戒备也渐渐消失。

在这种情况下，楚庄王率领增援部队赶来，师叔说："我军已七次伴装败退，庸人已十分骄傲，现在正是发动总攻的大好时机。"于是楚庄王下令兵分两路进攻庸国，此时庸国将士正陶醉在胜利之中，怎么也不会想到楚军突然发起进攻，庸国士兵仓促应战，抵挡不住，结果庸国被一举消灭。

一个对成功抱有希望的人，并不是单纯地希望等待成功，他们懂得如何获得成功。没有一个人愿意将成功寄托在不靠谱的表现之中。在经历了一些事情之后，人们的年龄在增加，心智也在逐渐地成熟。

特别是在进退为难之时，为了最终的结果不如先退让，一味地向前横冲直撞，不仅事情办不成，最终也许还会事与愿违。退不代表妥协，不代表失败，有时这仅仅是一种策略。在强攻不成的时候，试着退后一步，说不定会发现一个新的出口，至少给了自己一个缓冲的空间。

人应拼搏，却不应将自己逼上绝路，在退一步更好的选择下，不要盲目勉强自己向前，败给冲动。以退为进是人生的大智慧，更是常人难及的胸怀，不计较眼前得失，才能在未来闯出更为广阔的天地。

铃木集团成立于1920年，1952年集团开始生产摩托车，1955年开始生产汽车，如今是日本著名企业之一，向全世界的客户提供优质产品。但在创业之初，这家公司却遇到了不小的麻烦。

有一次，铃木集团总裁铃木太郎与西门子进行商务谈判，双方陷入了困境，原因是西门子公司坚持技术使用费提成率要占到销售总额的9?%，铃木太郎不赞成这一提案，建议将提成率降低到5%。

虽然西门子公司答应了铃木太郎的请求，但是合同文本的主动权却掌握在他们公司手中，不仅许多条款都是偏向自己公司的，而且他们又提出新的要求，即把技术转让费定为 60 万美元，并且要一次付清。

作为弱势的铃木公司，只能听从西门子公司的摆布。但是，当时铃木电器公司的总资本不超过 4 亿日元，而 60 万美元的技术转让费，相当于 2 亿日元，这笔沉重的技术转让费，对于刚刚起步的铃木公司来说是一个相当沉重的负担。

巨额的费用，让铃木太郎陷入了两难的选择。如果答应，公司必将陷入财务危机，一场灾难势必在劫难逃；如果不答应，公司就会失去一次发展壮大的好时机。在这种形势对自己十分不利的情况下，铃木太郎高瞻远瞩地指出，退一步海阔天空，懂得退让才知进取，于是大胆接受了西门子公司的苛刻条约。

由于铃木公司从西门子公司获得了最新研究成果，所以，当时世界上最先进的科技成果几乎都有铃木公司的参与，这为他们的发展打下了坚实的基础。可以这样说，双方的合作使铃木公司开始确立了国际大公司的地位。

表面上看，一开始铃木集团作出了妥协和让步，似乎处于下风，但事实证明，铃木太郎才是这场没有硝烟的战争中最大的赢家。如果不是这次退让，那么铃木集团很难成为如今一家全球知名企业。难怪有人说："用争斗的方式，我们永远得不到满足；但是用退让的方式，我们得到的会比期望的更多。"

成功者需要借鉴的不只是方法，还有胸怀。在生活中，我们确实需要前进，但是要记住，暂时的后退也可以换得未来的前进，暂时的舍去也能够换得更多的收获。懂得以退为进的人是聪明的，退不是消极退让，而是为我们下一次的进步积蓄力量。

◎ 因为一个小伤口丧命不值得 ◎

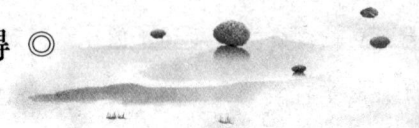

生活中，烦恼往往不是关系到身家性命的大事，而是些芝麻绿豆的小事，就是这些小不点，就像鞋里的沙子，嗓子里的鱼刺，让人有说不出的不快。还有人际关系中的小摩擦、小计较，生活中的种种琐事，都在不断地累积，不知什么时候，就成了我们发怒的理由。

一只骆驼走在沙漠中，他体内储存的水已经快要消耗完了，它又渴又饿，突然有个玻璃片扎到了它的脚，它恨恨地说："我都这么倒霉了，你还来扎我！真是欺人太甚！欺人太甚！"说完又用蹄子狠狠地踩那块玻璃，可它用力过猛，玻璃一下子全扎了进去，划了一个大口子，血汩汩地流了出来，这下，它真的受了伤。

受了伤的骆驼行动更加缓慢吃力了，一群秃鹫盯上了它，在上空盘旋，骆驼想："这些家伙一定想等我流血而死以后，再吃光我的尸体。"这样想着，它开始拼命地奔跑，一直跑到沙漠边缘，终于摆脱了那群秃鹫。

它刚刚松一口气，突然发现附近气氛有些不对，有几只狼正在接近它。原来，它的血印在沙漠上，味道招来了这些狼。没办法，它只能继续跑，跑得精疲力竭，终于跑进一个土丘。没想到，那里住着一群食肉的蚂蚁，它们闻到味道一拥而上，顷刻间就爬满骆驼庞大的身体。

在即将死去的时刻，骆驼后悔了：它为什么要和一块玻璃置气，以致送了性命呀！

生活中难免磕磕绊绊，大发雷霆无益于事情的解决，反倒会让你的烦恼越来越多，后果越来越严重。有时候也该问问自己，我们到底在烦恼什么，我们的烦恼值不值得。

其实，让我们烦恼的事90%都是些琐事，根本没有必要耗费我们的时间和精力，但是很多人却偏偏要在这方面浪费时间。坦白说，这些小事就像是小伤口一样，时间就可以愈合它，完全不需要我们操心，但若是你和那只骆驼一样，因此而烦恼，翻看，那么伤口就会越来越大，直到你的血流干！

所以，不如放宽自己的心，将心的筛子做得粗一点，小事都放过去，你才能有时间观赏幸福。当你为烦恼发怒的时候，不如先问问自己：这么点小事，有什么可生气的呢？当你被烦恼折磨得周身难受时，你其实知道烦恼就像一只虱子，如果不能赶快抓到它，只能忽略。原因很简单，比起更大的目标，在小烦恼上耗费精力，是一种不明智的行为。

孙小姐进了珠宝店，那些琳琅满目的珠宝让她很是开心。她准备选一个宝石戒指，这时，她不小心碰到了身边的一位太太，那位太太立刻防卫似的护住了自己的包。

本来孙小姐也没怎么在意，但是，这位太太一直将皮包抱在胸前，还以谨慎的目光盯着她，这不由让孙小姐火冒三丈，她开口大骂："你的包里就算装了几百几千万我也不稀罕！别看谁都像小偷！"那位太太更是不甘示弱，两个人大吵一架，最后，孙小姐再也没有心情买珠宝，开车离开了。

像是知道孙小姐的心情不好，交通路况也来凑热闹，一路上不是红灯就是堵车，这让孙小姐越来越焦躁。她干脆把车子转了个弯，想要换一条路。没想到，她的车和一辆大货车同时到达交叉路口，孙小姐的心情更加失落，看来，这货车肯定要仗着自己的体积大先冲过去。

没想到，卡车却突然停了下来，卡车司机从窗口冲孙小姐挥了挥手，示意她先过去。那是一个憨厚的中年人，黝黑的皮肤和洁白的牙齿在阳光下闪闪发光。一瞬间，就让孙小姐胸中的阴霾一扫而光，她点头示意谢谢，愉快地开了过去，一路上都哼着歌，仿佛那些不快的事从来没有发生过。

人们生气不外乎两个原因，不是为了人就是为了事，人大多是不相干的人，事基本是芝麻绿豆大的事。往不高兴的方面想，就会觉得自己吃、亏受、罪被冒犯，往高兴的方面想，全都没什么大不了。生气的时候想想高兴的事，自己就能调整自己，如果刚好相反，高兴的时候还要想生气的事，弄得自己火冒三丈，这就是自找苦吃，也说明你天生是个小心眼，一辈子都不会特别顺利，很难觉得开心，早晚会被小事气死。

更多时候，当别人冲你生气的时候，不要忙着还击，想一想自己是不是做错了什么，如果有，马上和别人道个歉，一场冲突就可以避免；如果自己的确没有错，也要选择一个理智的方式来表达，不要选择争吵谩骂；如果你遇到的是一个完全不讲理的人，你还有必要和他起争执吗？秀才遇到兵有理说不清，何必因为一时的计较给自己带来更大的麻烦？

不要为小事浪费时间，因为生命有限，应该去做那些更重要的事。日常小事不过是小摩擦，只要你自己不用力，它们就不能伤害你；如果你横冲乱撞，它们就会把你划得伤痕累累，流血不止。记得，不和烦恼过不去，不是在宽容烦恼，而是在宽恕自己。

◎ 转身，海阔天空的智慧 ◎

一往无前是一种勇气，但是在前行的道路上一旦遇到各种不如意，是要继续往前还是审时度势，做一次转身呢？

人生的美好有很多种，有执着之美，有拼搏之美，同样也有转身之美。一次睿智的转身，曾经聚集的目光可以看到周围摇曳多姿的风光，曾经紧绷的神经也可以得到松弛，曾经看似无望的生活也会呈现出新的道路让人追求新的美好。

有一位留美博士，从小学到大学，从国内到国外，学业一直都名列前茅。回国以后，他顺利地进入一所著名的大学。工作以后，他依然十分勤奋，整日忙碌着课题的申请、研究、答辩和验收。开不完的学术会议，赶不完的学术论文，除此之外，他还要给本科生和研究生上课。在一切空闲的时间，他的身影总是出现在实验室中。在他的生活中，"忙"是最常用的字眼，加班到深夜是常事，很多时候连吃饭都成为一种负担，方便面成了他最常吃的一种食物。

在这样高压的情况下，他的学术研究成绩斐然。在不到40岁，他就成为学院里最为年轻的教授，各种荣誉证书塞满了抽屉。在学生看来，他是一位尽职尽责、学识渊博的好老师；在同事看来，他是一个作风严谨、学术功底扎实的好同事。但是在父母的眼中，他是一个十足的工作狂人，连着几个春节不回家，甚至给介绍了对象都没有时间去相亲。朋友眼中的他则是一个志存高远、令人钦佩，但是生活单调到枯燥的人。

突然有一天，他晕倒在实验室里，诊断的结果让人吃惊。长期的生活不规律和过度疲劳让他的脏器受到很大损害，如果不进行调养，很快就会有生命危险。其实早在两年前，他的身体就已经对他的行为表示了抗议。只是他当时根本没有在意，认为自己还年轻，身体底子较好。甚至连学校组织的每年例行体检，他几乎都没有时间参加。

躺在病床上，这位年轻有为的教授突然觉得有些后怕。长期以来，勤勤恳恳、勇往直前一直是他人生的信条，而他从没有想过转身看看周围的风景。

调养几天以后，他到学校请了一年的假期。在这一年里，他陪老妈去菜市场买菜，陪老爸到小区里健身，闲暇的时候背起旅行包自己旅游，顺便在旅游的过程中结识了一个美丽聪慧的女子……

一年以后，重新回到工作岗位上的他神采奕奕，好像完全换了一个人。虽然工作依然很忙碌，但是他依然觉得充满了希望。

随着生活节奏的加快，生活压力的剧增，人们的脚步变得更加匆忙。在不断前行的时候，很多人却忘记了转身。一往无前的是追求，适时转身的是生活。追求可以支撑你前进，却不能让你欣赏到沿途的风景，偶尔小憩一下，转个身，无伤大雅，不会影响你的整体步调，反而是一种休息，帮你为明天积攒精力。

人生需要前进，也需要调整，不要让自己把自己逼上绝路，偶尔停下来看一看，说不定就有新的风景。当然，在坦途转身是一种坦然的休息，在逆境中转身就不那么容易了。人总有一些执念，在困境面前，虽然困惑，但仍旧无法放弃心中的执念，即便这是个错误的选择。若是有成大事的胸怀，就应该学会适时转身，将自己从苦闷的情绪中解脱出来。

马克·吐温是美国著名作家，但是在他成为作家之前却是一个十足的失败者。在马克·吐温的心中，他最大的理想就是成为一名出色的商人。在马克·吐温45岁之前，他靠爬格子发了点小财，并有了点名气。正在这时，一个叫佩吉的人来敲他的门，希望他能够投资打字机的生意，但是这个人却是一个十足的骗子，只会不断地向马克·吐温要钱，最后赔进去了19万美元。

马克·吐温50岁的时候，他的名气更大了，他所写的书有不少都成了畅销书，人们争相购阅。出版商看准这一行情，争相出版他的作品，因此依靠他的作品而发财的人大有人在。

眼看着自己辛辛苦苦写出来的作品出版收入大部分落入出版商的腰包，自己只拿到其中很少的一部分，马克·吐温感触很深。他时常自己想：为什么我不自己开个出版公司，专门出版、发行自己的作品。这样我也不用受出版商的盘剥，自己也能够挣上一大笔钱。恰在这时候，他手头有6部作品即将脱稿。他细算了一下，如果把它们交给出版商，最多只能得到3000美元的稿酬；如果自己出版，至少可得25000美元的收入，二者相差8倍之多。他决心自己出版自己的作品，开始从一个作家到出版商的转变。

他写书还行，但是对出版行业一窍不通。这个出版公司勉强维持了10年，最后在经济危机中彻底坍塌。马克·吐温为此背上了9.4万美元的债务，他的债权人竟有96个之多。

这两次的经商经历总共赔进去了大概有30万美元，他多年积累的稿费赔了精光，并且负债累累。但是马克·吐温的妻子奥莉姬是一个非常聪明的女人，她深知自己的丈夫并没有多少经商才能。但她知道自己丈夫有很好的演讲和写作才能，于是制订了一个可行的还款计划，终于使得马克·吐温免于债务，摆脱了失败的痛苦，在文学创作中也取得了更好的成就。

马克·吐温的转身是成功的，他在迷惘之中看到了自己的长处，转身到了另外一个世界之中。在自己擅长的领域创造了新的辉煌。

一次简单的转身，其实并不容易。但在面临转身的时刻，一定要果断勇敢。机遇有很多，但是从来就不是给予那些观望者预留的。看到机遇存在的时候，一定要果敢，不要浪费有限的时间和精力。因为当一个人考虑再三，当真准备好的时候，机会就很可能已经溜走，成功也与你擦肩而过了。

人生路时刻都需要试探，没有既定好的道路和方向，在每个岔路口前，我们都是以新生儿的姿态去迎接新的挑战的，所以转身并没有什么丢人的，反而体现出了你宽广的胸怀，自然也能让你脱离不利的困境，向着新的方向进发。丢掉那些不该有的虚伪和狂妄，在该转身的时候就扭个头，这样才能找到新的方向。

第三辑
从接受看命运，会看见踏实

我们难免羡慕他人拥有的命运：更高的起跑线，更好的资源，更轻松的环境，更美满的感情，但他人的生活并非没有不幸，我们也并非一无所有，对比毫无意义，唯有接受。

命运不公平，不仁慈，不能随心所欲，接受的人才能认清自己的起点，寻找自己的优势，发挥自己的潜能。改变命运，就是以不卑不亢的心灵踏实地走好每一步。

◎ 逃避，让你沦为枪口下的猎物 ◎

人都有一种趋利避害的本能，当灾难来临时，即便躲不过，一些人也会充分发挥"鸵鸟精神"，将头埋到沙子里，眼不见心不烦，就像困难从来没有来过一样。但现实是不可逃避的，人生路上挫折和困境在所难免，一味躲避并不能解决实际问题，还会让自己在现实面前俯首称臣。

实际上，换一个角度，坦然接受这些挫折，你才感觉脚踏实地，才会想办法去解决眼前的问题。脚下腾空，你永远都会为了不掉下去而费尽心力，这样你是没有精力去做其他事的。

永远面对现实，努力使自己正视现实，而不是选择逃避，这样，你的人生才有你期待的明天。

在拿破仑·波拿巴的人生信条中，有这样一句话：我决不会失败，因为我不会逃避。

拿破仑出生在一个没落贵族家庭。当时，他的家族已经穷苦不堪，但是他的父亲还是把拿破仑送进了地处布里恩的一所贵族学校。在这里，拿破仑的同学都是一些富家子弟，他们经常夸耀自己家庭的富有，嘲笑拿破仑家庭的贫穷。拿破仑的自尊心被深深地刺伤了。

终于，拿破仑实在忍不了了，逃离这里，他给父亲写了一封信，信上说："我始终忍受着别人的嘲笑，他们无时无刻不在向我炫耀他们的金钱，讥讽我的贫困。父亲大人，难道我在这些富有而高傲的人面前永远只能谦卑地活下去吗？"

拿破仑的父亲回信写道："诚然，我们很贫穷，但是你必须在那里把书念完。"

无奈之下，拿破仑在那所学校坚持了5年，经受了长期的折磨。但是那里的每一次嘲弄、每一次欺侮、每一次轻视的态度，都使他增加了一种改变命运的决心，既然无法离开这里，那么只有试着改变现状，他要让那些嘲笑自己贫穷的人看看，他确实比他们优秀许多。拿破仑没有任何的空口自夸，只是在心里暗暗地计划着，决定把这些没有头脑而又傲慢的人作为通向权力、财富和名誉巅峰的桥梁。

到了16岁，拿破仑成为法军的一名上尉。也就在这一年，他的父亲去世了。拿破仑不得不从他微薄的薪水中抽出一部分来供养他的母亲。在军队里，拿破仑发现很多人把空余的时间都用在追求女人和赌博等事情上。拿破仑身材矮小，不讨女人喜欢；经济拮据，也没有钱拿来赌博，所以拿破仑显得很不合群。形单影只的拿破仑选择到图书馆打发时间，这使他获益匪浅。

拿破仑不是漫无目的地读一些杂乱无章的书，也不是以读书作为消遣的方式，而是把读书作为实现自己理想的途径。他决心将自己的才干与能力展现给世人，并把它当作自己选择图书类别的指引。在图书馆的时光里，他把自己想象成一个总司令，描绘出了科西嘉岛的地图，并在地图上标明应当布置防范的地方。他用数学方法对所有的一切进行了精确的计算，他的数学才能也由此得到了发展。

拿破仑的努力使他的能力有了很大的提高，他的长官发现拿破仑与众不同，决定把教操场上一些极复杂的计算工作派给他做。他漂亮地完成了这些工作，于是又获得了别的机会。就这样，一切情形都因此而改变了。从前嘲笑过他的人，现在都簇拥到他周围，想从他的奖金中分得一点；从前轻视他的人，现在也都希望与他成为朋友；以前贬低他矮小、无能、死用功的人，现在都对他表示尊重。他们都变成了他忠心的拥戴者。

后来，拿破仑回忆这种转变时，感叹说："我经历了很多困难，但是我没有逃避。我决不会失败，除非我确信自己已经不敢去面对了。"

的确，拿破仑很聪明，但是有一种比聪明才智更为重要的力量在驱使着他。这便是肯于面对现实。现实生活的客观与公正性以及磨砺给了拿破仑一把处理非凡事务的好尺牍，让他成为一名赫赫然载入人类史料中的人生大赢家。

如果他的父亲允许他中途退学，如果他当年无法直面被人贬低和捉弄的痛苦，那后来又会是怎样的一个拿破仑呢？

其实，人生就是如此。你看着梦想，却活在现实当中，现实从没有理想那样如意，它会以各种方式向你挑战。你一味退缩，只是向后退而已，只有那些勇于直面现实的人，才能成为人生的赢家。

命运虽然给你设置了无数的挫折和障碍，但命运不是既定的，你完全有权改变它，但若是你连正视这些都做不到，那你无疑只是命运枪口下的牺牲品。遇到困难就选择逃避的人，就等于自动放弃了"转败为胜"的机会。

其实，每个人遇到各种苦难或厄运的概率是相同的，不同的是各自对待困境的态度。听到这则消息时，很多人都扼腕叹息。

几个大学生一起去野外探险，在一个很深的山洞中迷了路。

起初，他们手上有火把，就拼命地找出口。因为山洞岔道繁多，不久他们的火把就燃烧殆尽了。在漆黑的山洞里他们惶恐不安，乱了分寸。在一阵摸黑后，仍然没有找到出口。

于是，他们绝望了，放弃了努力，坐以待毙。

两天后，搜救队员找到他们的尸体。但是，他们其实只离山口不过两百米远。

他们不是没有在困境中寻求自救的意识，只是这种意识不够坚定，从而绝望让他们走向死亡。更多的时候，人们不是败给外界，而是败给自己。俗话说"哀莫大于心死"，绝望和悲观是死亡的代名词。相反，坚韧不拔的信念和希望让人们创造出奇迹，他们深知身处逆境的救世主只有也必须是自己。

面对现实、接受现实不代表妥协，更不代表你要逃避那些不利因素。在现实当中，不一定每次涉险都有强人出手帮忙，可是没有人帮忙就注定失败了吗？自然不是。上帝只救自救之人，你选择迎难而上，运气才会被你所吸引。

期待着灾难过去，期待着援兵到来，这种期待永远都不能让你感到踏实，因为结果有两种可能，这是你所不能保证的。而你若是自己坦然面对，那么事情的进展将永远在你的掌控之中。在困难面前多一分自信，你才能看到胜利的曙光。

◎ 接受那盆名为"失败"的冷水 ◎

人生就是追求梦想的过程，但成功总不会那么轻而易举被我们得到。在我们努力追逐的过程中，总会有些沟沟坎坎，有些会让我们趔趄，或是摔个跟头，但这些不足以影响我们的步调，我们仍旧能够保持平衡，能够接受。但若是受了重创，也就是所谓的失败，那就没那么容易挨过去了。

其实，大多数人最终的失败都是因为没能熬过去过程中的失败而导致的。没有不想成功的人，在失败的时候他们也想过从头来过，但失败的阴影如影随形，导致了最终的失败。

2008 年 8 月 17 日，北京奥运会 50 米气枪三姿决赛。

13 时 51 分，射击比赛还有一个人的最后一枪就将全部结束。截至此时，中国选手邱健成绩最好，他利用最后这一枪逆转并赶超了乌克兰对手 0.1 环。1272.5 环的成绩足以保证他获得一块银牌。

而这最后一个没有完成比赛的人就是美国选手马修·埃蒙斯，在此之前，他的总成绩已领先第二名4环多。在所有人看来，金牌已经没有悬念，在这样世界顶级水平的角逐中，以他们的实力，一枪之中相差零点几环就应该算是个不小的差距了。也就是说，只要埃蒙斯的最后一枪打出6.7环——一个在步枪射击中的业余水平，金牌自然就会让他收入囊中。这对于一个射击名将来说，简直易如反掌。

　　在众人瞩目而又似乎毫无悬念的气氛中，埃蒙斯举枪、瞄准、击发。4.4环！最终，中国选手邱健走上了最高领奖台。

　　顿时，全场以及屏幕前所有的观众都惊呆了！现场直播的解说词也足以有两三秒的凝滞。在一片不知所措的惊叹声中，时光一下逆流四年，回到了2004年8月22日的雅典马可波罗射击场，用解说员无奈的话说"历史总是惊人的相似"。

　　当时的三姿比赛也是进行到了最后一枪，2号靶位的埃蒙斯同样比到了最后一个击发，他只要得到不低于7.1环的成绩就能夺冠。但最后一声枪响后，子弹竟然飞到了3号靶位上——金牌最终属于中国选手贾占波。

　　四年一轮回，当埃蒙斯再一次出现在北京奥运会的决赛赛场上时，世人为其不屈不挠的精神所感动，并希望他能向世界证明自己是最棒的。埃蒙斯也果然不负众望，稳健地打完了前九枪而遥遥领先于所有对手。

　　然而，上帝再一次拨动了他的枪口，他终因最后一枪打出了4.4环、总排名第四而无缘奖牌。包括埃蒙斯自己在内的所有人都没有想到，噩梦就像幽灵一样，从雅典追到了北京。

　　对于埃蒙斯来说，四年前的惨痛一幕，让其心理创伤久久无法平复，终究在四年后没有走出雅典奥运会脱靶的阴影。时间并没有让埃蒙斯心中的失败消失，失败成了他的"心魔"，扰乱了他的心，以至于跨不过奥运会金牌这道坎儿。

心理学专家称这种现象为"埃蒙斯魔咒"，意为过于渴望成功而造成紧张，致使很多人在关键时刻"掉链子"。无法直视自己失败的现实，会逃避，但实际上，越是逃避，失败在心中的影响越严重。与其被失败的阴影追着跑，还不如坦然接受失败。这样你才能真正地放下过去，向着明天前进。

还有不到一个月就高考了，她凭着平时模拟考试没有下过630分的成绩，被理所当然地列为北大、清华的"种子选手"。

这不到30天的时间对于她来说，可谓是度日如年。曾经多少次，她在梦里到北大去报到，当然，也无数次在梦中被惊醒，因为梦中的自己高考失败了。当她醒来，总是满身冷汗，巨大的压力让她精神接近崩溃。要知道，北京大学是她从小就心仪的梦想，就连当初考高中时，她也毫不犹豫地选择了北大附中而错失了101中学金帆乐团的邀请。十几年的梦想，近在咫尺，却让她产生了巨大的恐惧。

地狱般的几十天过后，高考成绩出来了，539分！噩梦似乎成了现实，她最终因为一批只报了北大一个志愿而被随机调配到一所三流学校。

生活中，这样的例子在大多数人身上都存在：台下准备得滚瓜烂熟的主持词，一上台却忘得一干二净；和客户签一份重要合同，到了会场才发现，一切准确齐全，只是忘带了合同文本。如此看来，"埃蒙斯魔咒"其实处处可见。

行为是一种养成习惯，人们生活中的失败经历，会在潜意识里形成一种习惯性的条件反射。也就是说，再次考试、登台、签合同时，这种失败的"习惯"可能就会出现。这种状态下，人们的焦虑程度就会与行动目标的逼近成正比，即越是达成得准确、离成功越近，心中的焦虑也就越高，以致到最后难以自控，出现严重失常的表现。

失败和成功是对立的，却也是联系最为紧密的，在成功面前，人们往往会考虑失败。没有人不想成功，但越是过于渴望成功，就越容易因为担心失败而忧虑，这样一来，人们往往会过度紧张，临门一脚的时候发挥失常，导致最终的失败。

其实失败没有那么可怕，这是人生中的常态，一次的失败并不代表没有退路，并不代表着人生的终结。我们可以将它看作一盆冷水，虽然被泼冷水感觉不好，但换个角度想一想，这盆冷水也有可能是缓解过热体温的救星。当你被成功的欲望压得透不过气时，不妨接受这盆冷水，让自己冷静一下，理智地看待问题，这样的人才能获得最终的成功。

人不可能没有情绪，但绝不能受情绪的控制，成为情绪的奴隶。失败了又如何？恐惧失败又如何？这都不是最终的结果，坦然看待失败，你才有资格重新追逐成功。

◎ 放弃责任，就是放弃自我 ◎

责任是一种与生俱来的使命，它伴随每一个生命的始终。我们每时每刻都要履行自己的责任：对家庭的责任，对工作的责任，对社会的责任。正是责任，让别人对自己产生了信任与尊重。同责任相比，智慧更多的只是一种能力和经验上的积累。

责任是通过一个人的责任感来体现的。责任感能使一个平庸者走向优秀，没有责任感的军官，不可能会是一位优秀军官；没有责任感的员工，也不可能是一位优秀的员工；没有责任感的公民，也不可能会是优秀公民。在任何时候，责任感无论是对自己、对国家，还是对社会，都将是不可或缺的。

命运会赋予你很多权利，相应地，也会赋予你很多义务，责任就是其中之一。我们不能总想着生命赋予的权利，也要接受命运安排给我们的那些任务，唯有如此，你才有资格接受更多的权利。

某个县城有一位名医。有一天，一位青年妇女来找他看病，检查后发现，她的子宫里长了一个肿瘤，需要立刻动手术。

不过，对于这位有过上千次手术经验的名医来说，这只是个小手术。手术很快就安排好了。手术室里都是最先进的医疗器材，名医切开病人的腹部，向子宫深处观察。当他准备下刀的时候，他全身一震，手术刀停在空中，豆大的汗珠冒出额头。他看到了一件令他难以置信的事：子宫里长的不是肿瘤，是个胎儿！

他的手颤抖了，一下子不知道该怎么办？如果他硬把胎儿拿掉，然后告诉病人，摘除的是肿瘤，病人一定会对他感激得恩同再造；相反，如果他承认自己看走眼了，那么他将会声名扫地。

几秒钟的犹豫后，医生安心地缝上了刀口，回到办公室后，静静等待病人苏醒。当病人安全醒来后，他十分坦然地向家属道歉："对不起！我看错了，你只是怀孕，没有长瘤。所幸及时发现，孩子状态良好，你一定能生下一个可爱的宝宝！"

听完这句话，病人和家属都惊呆了。几秒钟后，病人声嘶力竭地吼道："你这个庸医，我要找你算账！"果然，那位病人生出一个健康的宝宝，而且发育良好，但这位医生被告得险些破产。

有朋友笑他，当时为什么不将错就错？就算说那是个畸形的死胎，又有谁能知道？听到这话，名医只是淡淡一笑。

心中有责任，做事就不会为得失所迷惑，心情就不会为得失所累。采用欺骗手段遮盖错误，逃脱责罚，虽然可能获得短暂的成功，但当事情的真相水落石出的时候，你就会成为人人唾弃的对象，而且，在此期间，你还要小心翼翼地掩盖，承受着良心的压力和折磨。因此，做了错事要勇于承认，敢于纠正，哪怕为此付出代价。

责任心承载着一个人的人格，只有负起责任的时候，才能找回做人的根本。若是让自负、虚荣控制了你，选择背弃自己的灵魂，那么最终你的灵魂会被流放，即便获得了成功，心灵也得不到解脱。名医的事业或许失败了，但他问心无愧，在那之后的每一天，他都不会因为自私犯下的错而不断祈祷，他的生活会因为拯救了一个生命而快乐。

其实，人们对责任的逃脱往往是在犯错之后，其实，越是这种时候，就越应该担当起责任。马克·吐温曾说过："我们生到这个世界上来是为了一个聪明和高尚的目的，必须好好地尽我们的责任。"在工作中，如果你做错事情，不敢承担责任，肯定无法获得老板的信任，你也无法获得成功的机会。

查尔斯和采尼是某快递公司的两名新员工。工作中，他们是一对好搭档。两人工作一直都很认真，也很卖力。上司对他们俩一直很满意，并且还准备从两人当中选一个担任客户部经理。

然而有一件事却改变了两个人的命运。那天，上司对他们两人说，有一个贵重的邮件需要送上飞机，并反复叮嘱他们要小心，因为里面装着一个价值不菲的瓷器。意外的是，当送货车快抵达飞机场的时候突然熄火了。

他们两个人马上跳下车检查问题，这时离飞机起飞的时间也快到了。于是，采尼焦急地说："怎么搞的，你为什么出门前不把车检查好，现在迟了，飞机就快起航了。如果不按规定时间送到，我们要被扣奖金的。"

查尔斯没有抱怨，而是说："现在时间不够了，我力气大，我背着它去吧，距离目的地也不远了。"

"那好，你背吧！"采尼说。

查尔斯背起邮件，一路小跑，终于按照规定的时间赶到了目的地，而且也看到了等待的客户。这时，采尼突然说："你先歇歇，我来背吧，你去招呼货主。"他心里暗想，如果客户把这件事告诉老板，说不定还会给自己一个晋升的机会。他只顾想，当查尔斯把邮件递给他的时候，他却没接住，邮包掉在了地上，"哗啦"一声，瓷器碎了。

"啊？你……你怎么搞的，我没接你就放手。"采尼大喊。

"对不起，你明明伸出手了，是你没接住。"查尔斯道。查尔斯和采尼都知道，这个贵重的邮件打碎了意味着什么，不但会丢了工作，可能还要偿还沉重的债务。果然，老板对他俩进行了严厉的批评。

"老板，不是我的错，是查尔斯弄坏的。"采尼趁着查尔斯不注意，先走进老板的办公室，对老板说。老板平静地说："谢谢你采尼，我知道了。"

随后，老板把查尔斯叫到了办公室。"查尔斯，你知道那邮件有多贵重吗？"查尔斯就把事情的原委告诉了老板，最后查尔斯说："这件事情是我们的失职，我愿意承担责任，一定会弥补上我们造成的损失的。"

查尔斯和采尼一直等待处理的结果，但是结果却出乎他们俩的意料。查尔斯被任命为了客户部经理，而采尼不但被辞退了，还要背负因此而带来的债务。原来当时的客户早一步来到了上司的办公室，并把事情的始末告诉了老板。老板也早已将两人在事情中的表现看得一清二楚了。

问题出现了，采尼选择了做懦夫，结果被炒了，而且还得赔偿损失。而查尔斯却勇敢地承担了责任，得到了晋升。这告诉我们，勇于承担自己的错误造成的后果可以提高一个人的信誉，并且有助于我们获得成功。

虽然这个问题并不复杂，但却困扰着很多人，像采尼那样的人并不在少数，关键时刻，趋利避害的本能总会让你做出一些自认为安全的事来，但这个时候的你实际上已经被情绪控制了，因为担心承担罪责，而选择了撒谎。

一个有责任心的人在别人看来是可以信任的，一个谎言，一次对责任的背弃，就有可能失去信任，而且很难得到改观。

其实，勇于承担责任很简单，那就是站好自己的岗，做好自己应该做的事。

微软总裁比尔·盖茨曾对他的员工说："人可以不伟大，但不可以没有责任心。"责任心是一个人品格和能力的承载，是一个人走向成功所必不可少的素养。没有责任心的人总是以逃避的方式来面对困难，消极地面对挑战。观察那些逃避者的命运，就会发现，这些人要么一辈子原地踏步，要么被别人踩在脚下，永远没有大事业。所以，不管是在生活中，还是工作中，我们都要做一个敢于担当的人。

不要做懦夫，懦夫永远不会被人欣赏。只有勇敢地承担起责任，才会受到别人的重视，别人也会乐意在你这种人身上投资。

◎ 人间自有青山在 ◎

现下，有太多的人抱怨自己怀才不遇，生不逢时，但是抱怨归抱怨，不去努力，现实不会有任何改变。

任何一个成功人士都不会轻易获得成功，他们首先会接受命运的不公，然后才能创造出奇迹。就算你是最珍贵的花朵，不将种子先埋进土里，也是不可能发芽绽放的！生活就是如此，你要先接受鲜艳的现实，才能发现生活中的美景。有道是人间自有青山在，你接受了现实，便能看到青山。

大学毕业后，毕业于律师专业的乔易一直没有找到合适的工作，他不得不面对自己人生中的第一次妥协：降低标准，先找一份工作糊口。经过面试，他在一家保险公司当了业务员。

刚到公司上班，乔易就发现公司里的很多人和他一样，不过是暂时找不到工作，将这份工作当一个过渡，大部分人不敬业，对本职工作不认真，他们不停地抱怨着，抱怨工作难做，抱怨待遇太低，抱怨保险行业不景气，抱怨专业不对口……干活也提不起一点兴趣。

尽管乔易也很认同这些观点，但是他认为："抱怨半天又没有什么用，不也照样得干吗？既然能找到这份工作，就要好好珍惜，力争把它干好吧。"就这样，他没有任何的抱怨，而是一头扎进工作中，踏踏实实地干活。无论接到老板的任何的指派，他都一丝不苟地完成，没有任何的怨言。有时候一天走十几个小时，推销说得口干舌燥，他依然兢兢业业。

但是，保险是一份让人很头痛、很难做的工作，乔易的工作开展起来也很困难，第一个月拿到的只是最基本的底薪。乔易的心思又开始活动。要不要赶快转行呢？想着下个月必须交的水电费和房租，乔易再一次妥协。他开始寻思怎样做才能让人们愿意接受保险业务员。最后他决定，在社区里举办一场场"保险小常识"讲座，免费为社区居民讲解保险方面的常识。渐渐地，社区居民们对保险产生了兴趣。

接下来，乔易的工作进行得顺利多了，业绩突飞猛进，也受到了经理的重用，同事们的欢迎，时间一长，乔易居然后来者居上，成了公司里的"顶梁柱"。而那些只会不停抱怨的同事，还是业绩平平。不到两年，乔易成了公司的领导，和他一起毕业的同学还在律师事务所抄文书，他这才知道，有时候妥协也蕴藏着机遇。

现实是个很让人头疼的东西，它像个庞然大物，决定了你此时此刻的一切，你的经济基础，你的职业，你的能力，你的心态，都与它息息相关，且无法超越。为什么人总要向现实低头？因为在绝大多数时候，人的力量太过弱小，他们不具备改变现实的能力，只能暂时屈就。但有雄心的人，暂时就是暂时，没有能力的人，暂时会变成一辈子。

生活中遇到的最大阻碍，就是我们不愿面对的现实，即使有愚公移山的精神，也等不到"子子孙孙无穷匮"，我们总在对现实感叹，心底都清楚想要改变无法改变的现实，是自不量力的做法，结果无非自寻烦恼。面对生活，我们不能凭着一时的锐气横冲直撞，而应该有策略地应对它。即使它给了我们最不如意的境遇，我们也要想想自己还没有到绝境，还有机会翻身。那么，你首先要做的就是妥协。

妥协，对于骄傲的人来说，是最难以忍受的字眼之一，妥协似乎就意味着认输。但如果把眼光放远，一时的输赢，并不代表一辈子的成败，往后退一小步换前进一大步，是巨大的成就。如果只盯着眼前的不如意，想着眼前的安逸，顺着眼前的意气，只会作茧自缚，让处境变得更加不利，所以，人必须学会妥协。

阿玉大学学的是服装设计，她本人在这方面也特别有天赋，从小就会自己给自己做衣服。毕业后，她理所当然地进入一家服装设计公司，她的计划是先在这家不错的公司站稳脚跟，学习更多的知识，以期将来能够创立自己的品牌。

几个月后，阿玉就赶上公司要筹备一个大型时装展，每组成员都被要求交一份设计作品。为了证明自己的能力，阿玉绞尽脑汁，最终她的设计脱颖而出。但是到了署名的时候，设计图上却署上了主管的名字。

知情的同事们都为阿玉抱不平，劝她将这件事情告诉总经理去，但是阿玉并没有因此而表现出受到委屈，也没有太大的反应，在同事们纷纷议论的时候，她总是一言不发。她安慰自己这也是一种对自己的肯定，于是对主管依旧毕恭毕敬，工作也更加努力。

阿玉的表现让主管非常满意，不久，在一次公司的例行大会上，主管不仅表扬了阿玉，还建议总经理给阿玉升了职。阿玉相信自己能这么快升职，不只因为她的能力，还因为她对世事的洞察，对现实的妥协。

面对纷繁的人世，总有人大叫"不公平"，物不平则鸣，他们也的确有让人唏嘘的遭遇，可是，"鸣"一声对现实又有什么好处？能够改变自己的处境吗？恐怕这一声大叫会为自己带来不必要的麻烦。所以人们总是被有经验的人教导：少说话，多做事。

不要梦想生活有这样一种状况：所有人为你搭桥铺路，所有事都能按部就班，所有人都向你伸出友好的手，你只要从路的一端安稳地走，就能到达有掌声和鲜花的另一端。这根本就是一种不切实际的幻想。

现实是：不论你想要做什么，你都要首先认清生活本来的面目，认清自己的斤两，不断地把自己打磨成现实更需要的形状。想要开花，先要扎根；扎根，就意味着低下头，潜进去，把笔直的根脉一次次弯曲，为的是接触更肥沃的土壤。

接受命运的安排吧，接受了你才能正视它，才有勇气改变它，让苦难成为你成功路上的音符，让它成为你登山的基石，一步步登到顶峰，看到远处的大片青山！

◎ 缺口多了，刀就变成了锯 ◎

对大多数人而言，最糟糕的事情莫过于品尝失败的滋味。面对失败的时候，很多人往往不够勇敢、不够坚强，拿不出面对失败的勇气，心想着：成功怎么还不来？怎么我这么倒霉？哭泣、抱怨、悔恨……

殊不知，消极地面对失败，沉沦于失败的打击中，只会导致我们在相当长一段时间内难以从失败的心理阴影中解脱出来，变得一蹶不振，结果不知不觉地就会重复失败的老路，永远没有成功的机会。

地球是运动的，你不可能永远处在倒霉的位置，但是你必须有足够强大的内心，引领自己走出泥泞的路。要知道，失败并不可耻，你可以败在经验上、败在技巧上，但绝不能败在意志上。一个人可以被毁灭，但绝对不可以被打败。更何况，人生不是你死我活的战场，不必怀着不成功则成仁的决绝，失败不是什么大不了的事情，而是一次检视自我、锻炼自我、提高自我的机会，进而能够完成一次次难得的自我蜕变，成为我们征战成功的资本。

我们都知道，再锋利的刀也无法砍断大树，只有用锯子才能一点点将大树放倒。其实，成功就相当于树顶的果实，如果要我们伐木的话，再完美、锋利的刀子也不可能办到，有一点缺口的刀子反而更容易些，缺口多了就变成锯子，便可以伐木了。而我们人生中的那些失败，就是刀刃上缺失的部分。看似不完整，实则不可或缺。可见，人生也需要一些缺口，这些缺口看似不美，但都是帮助我们成功的阶梯。

每经历一次失败，就会多一次收获。因此，遭遇失败时，我们不必整日忧心忡忡，悲观绝望，不妨眼光高远一点，将暂时的失败当成成功的阶梯，这样心灵才不会过于承担重负，为发展积蓄能量，为成功奠定基础。

一个20多岁的年轻人意气风发，自主创业举办了一个成年人教育班。他花了很多钱做广告宣传，房租、日常用品等办公开销也很大，但一段时间后，却发现数月的辛苦劳动竟然连一分钱都没有赚到。

年轻人很是苦恼地向家人借钱处理了一些善后的事情后，便整天待在家里不再外出。因为他害怕别人用同情、怀疑，抑或是幸灾乐祸的眼神看自己。他整日闷闷不乐，神情恍惚，无法将事业继续下去。

这种状态持续了很长一段时间后，他的一位老师来看望他。"这是好事啊，证明你以前的方法不得法，你需要的只是改变方法，重新开始！"老师的一句话犹如晴天霹雳，年轻人的苦恼顿时消失，精神也振作起来，他走出了家门并开始致力于人性研究。

经过一段时间的努力，年轻人开创并发展出一套独特的集演讲、推销、为人处世、智能开发于一体的成人教育方式，并且大获成功。他就是美国著名的卡耐基大师，被誉为"成人教育之父""20世纪最伟大的成功学大师"。

真正的勇士，敢于直面淋漓的鲜血和惨淡的人生。被击倒后不认输，认真地反思自己，再勇敢地爬起来，这才是我们正确对待失败的态度，这种人必定内心强大、潇洒自信，也是离成功最近的人。其实人生怕的不是失败，而是不咸不淡的生活。没有失败，也不会有成功。唯有失败，我们才能找到一个阶段的终点，然后转变方法重新开始。

被称为"领导力大师"的沃伦·本尼斯在撰写其最负盛名的著作《领导者》时发现，无论是政府、民间还是非营利领域的领导人，他们都有三四个共同的特性，其中之一便是：每个人都曾犯过严重的错误，然后反败为胜。

英国《泰晤士报》前总编辑哈罗德·埃文斯一生中曾经历过无数次失败，其中包括他在 20 世纪 80 年代中期对《泰晤士报》进行改革的失败。但他却从未在失败中沉沦。对于失败，他曾经说过这样一段著名的话：

"对我来说，一个人是否会在失败中沉沦，主要取决于他是否能够把握自己的失败。每个人或多或少都经历过失败，因而失败是一件十分正常的事情。你想要取得成功，就必须以失败为阶梯。换言之，成功包含着失败，失败是有价值的。因此，面对失败时正确的做法是：首先要勇于正视失败，找出失败的真正原因，树立战胜失败的信心，然后以坚强的意志鼓励自己一步步走出阴影，走向辉煌。"

的确，人生不在于跌倒的次数有多少，只在于总是比跌倒的次数多站起来一次；不在于有没有遭遇失败，只在于决不被失败击倒。这正如海明威所说："世界击倒每一个人，之后，许多人在心碎之处坚强起来。"

遭遇失败的时候，不要再整日忧心忡忡，也无须让自己沉浸在悲伤之中，而是要更多地扪心自问一下："我学到了什么""我下一步应该干什么"等，这样每一次失败都可以成为考验和提升自己的机会。

你是敢于直面淋漓鲜血和惨淡人生的真正勇士吗？从现在开始，强大自己的内心力量，直面失败的打击，重新拾取你的信心吧！相信你这把带有"缺口"的刀，一定能够砍下成功这棵繁茂粗壮的大树。

◎ 什么都不做，才是真正的失败 ◎

生而为人，我们总是希望把任何一件事情都做得完美无瑕，会因怀疑自己做得不够好而惊慌失措，担心爱我们的人会因此对我们感到失望；不允许自己犯错误，惴惴不安，一旦犯了错，又会不断地责怪自己……结果，在选择面前不断犹豫，最终选择放弃。

确实，不去冒险就不会遇到挫折，但不去冒险你也永远看不到人生美景。人生来就是要冒险的，命运会安排给我们各种各样的挫折，这并不意味着我们就要每一步都完美地跨越，犯了错很正常，这都是我们的人生财富，就像玩游戏一样，每一关都比上一关困难，而每一关都是下一关的积累。放弃闯关自然安全，却全盘皆输。

失败远没有想象中那样可怕，什么都不去做才是真正的可怕。什么都不做无异于放弃了成功的机会，也等于放弃了整个人生。别让对未来的恐惧占据了自己的心，淡然地接受命运的安排，你才能踏踏实实地过每一天，不用时时刻刻都担心着麻烦找上门。

世界顶尖高尔夫球手博比·琼斯是唯一一个赢得高尔夫"年度大满贯"（包括美国公开赛、美国业余赛、英国公开赛及英国业余赛）的人，他被称为是美国高尔夫史上最优秀的业余选手。

在高尔夫球员生涯的早期，博比·琼斯总是力求每一次挥杆完美无缺。当他做不到时，他就会打断球杆、破口大骂，甚至愤慨地离开球场，这种脾气使得很多球员不愿意和他一起打球，而他的球技也没有得到多少提高。

直到后来，博比·琼斯渐渐了解，一旦打坏了一杆这一杆就算完了，但是你必须尽力去打好下一杆。静下心来，调适心态后，他才真正开始赢球。对此，他这样解释说："要对每一杆有合理的期望，而不是寄望非常完美的挥杆成就，你会发现自己的表现率良好、稳定，如此也就更容易取胜。"

博比·琼斯一开始的表现确实差强人意，但最终的结果还是让他感到满意的。即便一开始的他力求完美的做法有些不恰当，但至少他还是选择了挥杆，而不是担心不够完美而选择放弃。

放弃是懦夫的表现，即便不能成功，勇敢的尝试也是值得人们称赞、值得自豪的。不完美是人生的一部分，这个世界没有任何人可以拍着胸膛说自己没有犯过错。犯了错不要紧，要敢于承认错误，面对错误。连犯错的勇气都没有的人，是不可能得到幸福的垂青的。

时间不是静止的，就算你曾经做过什么错事，都还有挽救的机会。

晋朝有位大将，名叫周处，因幼年丧父，年少时便十分张扬轻狂，横行乡里。

在乡里，他恶名昭著，人人唯恐避之不及。一日，周处见乡里百姓个个面容凄苦，便问乡里长辈怎么回事？长辈叹气说："乡里有三害，经常危害百姓，你说我们能不苦吗？"

周处一听，有三害，豪气顿生，连忙追问是哪三害。长辈冷笑一声：

"一是南山的大虎，二是长桥水蛟龙，三是作恶多端、欺负百姓的恶人。"

周处哪里知道，长辈说的恶人就是他。做人做到与猛兽齐名，也是旷古未有。周处便自告奋勇要去铲除三害，他先是入山杀了猛虎，后又下河斩杀了蛟龙。斩杀蛟龙时，乡里一连三天没有他的消息。百姓们都以为周处已死，便互相庆贺。周处回来后，得知乡里百姓正在为他已死高兴，才明白了长辈所说的恶人指的就是自己。

做人落得如此地步，周处哪还有脸回乡。他便四处拜访名士，下定决心好好学习。他找到陆机、陆云两兄弟，以实情相告，哭诉着自己一定会痛改前非，表达出改正错误的诚意，但又怕自己年岁已大，学不出成就。

陆云就鼓励他："子曰，朝闻道，夕死足矣，你年纪轻轻，现在立下志向，以后何愁没有前途！"

周处立定志向，勤奋好学，一年后，就担任东观令、无难督。吴亡后，周处又被晋朝封为仕官。为人刚正不阿、不畏权贵的他，最终得罪奸臣，被派往西北讨伐氏羌叛乱，最后战死沙场，不过也成就了其一世英名。

周处年少轻狂，做了很多错事，一开始，他没有什么志向，只想自在地活着，但没有目标并不代表不会犯错，所以他才被邻里厌恶，恨不得除之而后快。可见，就算你什么都不做，也不可能完全避开错误的选择，因为命运会不断给你选择的机会。

既然无可逃避，为什么不坦然接受命运的安排？先不去想结果，做出选择，你也算迈出了成功的第一步，不管结果如何，你都有机会靠近成功。

相信自己，犯错不代表自己的能力，也不代表最终的结果，这只是你成功路上的一个插曲而已。人生就是在不断地犯错、修正中度过的，犯了错总比什么都不做强，至少你得到了宝贵的人生经验，至少你接近了成功，为了自己的明天付出过努力。

不要浑浑噩噩地混日子了，从今天开始，自己把控自己的命运吧！接受命运安排给你的种种考验，勇于去冒险，你才能在跌跌撞撞中找到通往成功的正确道路。当你成功，回头看过往，你就会发现每一次失败都是一次转折、一次机遇！

◎ 脚步，应比土地更踏实 ◎

一个人要实现自己的理想，光靠想不成，还需要付出行动。在梦想面前，若想提高成功的概率，就应该要稳扎稳打，这样总比贸然前进好很多。但是很多人不懂这个道理，总梦想着一夜之间成功，这样的人往往最终会被现实无情地取笑。

确实，这个世界上不乏奇迹，有些人是偶然间获得成功的，但这并不代表大部分。命运给每个人设定的轨道都是不同的，你不能因为别人有着好的基础就愤愤不满，认为自己也可以朝夕之间获得成功。

其实，综观大部分成功人士，他们的成功都不是偶然的。虽然在你看来他们可能轻轻松松就成功了，但在那之前的辛苦你并不了解，这些人或许积攒了十几年的力量，临门一脚才获得了最终的成功。

我们对自己抱有期望是应该的，但不该对自己抱有过高的期望。毕业后进入公司从基层做起才是常态，没有人生下来就是将军命，你也如此。脚步和你心中的速度相匹配你才能前进，若是心走得太远，脚步跟不上，那你就会在梦想与现实当中挣扎，走不出困境，更不要说获得成功了。

一年前，小张跟几个老乡一起来到县城上的一家汽车修理厂工作。小张是个心高气傲的人，他觉得自己应该去大城市闯荡一番，所以，从进入修理厂的第一天开始，他就总是不断地抱怨："这个工作真是脏，每天都弄得一身油。""这根本就不是人干的活……"

小张的工作每天都伴随着抱怨声，他说自己仿佛回到了奴隶社会，每天出卖苦力维持生活，他觉得这样的生活就是一种煎熬。因为对工作缺乏热情，他时刻都窥视着师傅的一举一动，只要稍有机会，他就会偷懒，应付工作。

很快一年就过去了，与小张一同进厂的几个老乡手艺都长进了不少，还有一个老乡被送进夜大进行深造。只有小张，还整天沉溺在怨声载道中。终于，他因为心不在焉对客户的车维修不到位，致使修理厂蒙受了巨大损失，被老板解雇了，而他的那几位老乡因为修理厂扩大规模，成了厂里的精英，薪水翻了一倍。

面对工作，不能做到脚踏实地，就会不断地"吐苦水"，就像小张一样，有着自己的梦想，却无法用实际行动来实现，而且还把当前的工作搞得一团糟，结果他越抱怨，对于解决问题不仅无益反而有害，还会导致焦虑和抑郁等负面情绪，渐渐地湮灭了他内心仅剩的一点点快乐与活力。

分析小张的经历，我们能够发现，他是典型的"眼高手低"：整天对工作抱怨不休，对环境心生疑虑，对同事心存鄙夷，总把自己摆在很高的位置，认为自己做什么都是对的，从来没有想过放低姿态，更不会进行自我反省。同样的不如意，小张的老乡们却能在其中找到出路，不断提高自己的能力，这才是聪明人的做法。

不能踏实地做人做事，就无法从"倒霉"的现状中逃离，他们最想摆脱现状，却总是更深地陷入泥沼里。那么他们身上欠缺了什么？很明显，缺乏的是一颗踏实的心。

李蕴从北京一所高校毕业后，进入了一家出版社工作。刚开始的时候，他的职位是秘书，主要的任务就是做些芝麻大的小事。李蕴心里很明白，自己是新人，没有工作经验，多吃点苦理所当然。所以，他在工作之余常常勤快地打扫办公室，给主编端茶倒水，也给其他编辑做些额外的工作。可是大半年过去了，社里还没有让他做编辑的意思。

面对这种情况，李蕴开始怀疑这份工作的意义了。他想，自己是从名牌大学出来的，难道就只能做这些乱七八糟、毫无意义的琐事？他开始在私下里跟朋友抱怨，打算等合同期满后马上走人。此后，他在工作中明显浮躁了很多，表现得非常不认真，主编吩咐他做的事情，他也只是敷衍了事。

一次，李蕴遇到同学小韩。小韩也在一家出版社工作，可如今人家已是一名策划编辑，主编对他很是器重。

当李蕴又开始抱怨时，小韩对他说："刚开始我跟你一样，做的是秘书工作，其实也是一名打杂工，但我从不抱怨，相信努力工作一定可以做出一番成绩。我觉得你目前最主要的是把这份工作做好，总有一天你会受到重用的。"

小韩的话，让李蕴记在了心里。他开始试着去停止抱怨。每当想要发牢骚时，他就会通过各种方法，努力让自己平静下来。渐渐地，李蕴感到浮躁的心态已经越来越少，取而代之的则是工作的喜悦。他这才意识到，其实渺小的工作一样可以学到东西！

心态的转变，让李蕴有了明显的进步。结果没过多久，主编就让他尝试做编辑的工作，结果李蕴很出色地完成了任务，主编就将他升为正式编辑。

李蕴从一名打杂工晋升为秘书，主要是他能脚踏实地地工作。结合李蕴的同学小韩的经历，我们可以看出，脚踏实地的人有三种品质：第一，耐心；第二，不抱怨；第三，吃苦耐劳。人生总是充满挫折和痛苦的，如果你不能脚踏实地来面对，则会把一件简单的事情变得复杂。看到他们的惨状，周围的人不会产生同情，只奇怪他们为什么就不能少一点抱怨、多一点踏实呢？

有人也许会问，如果脚踏实地地工作，我们什么时候才能成为成功者呢？其实，成功者大多是从最底层工作开始做起的，有的摆过小摊，有的推销过产品，还有的进过工厂车间。但是他们的一大共性就是——不管做什么，都能脚踏实地地将本职工作做好，在平凡的工作中取得出色的成绩。也就是说，你要想离成功更近的话，那么你最好摒弃心浮气躁，脚踏实地地工作。

这个世界上从来就没有什么"世外桃源"，任何事情的完成都需要一个过程，好高骛远，眼高手低，这就等于等待天上掉馅饼的机会。作为一个有责任、有理想的人，踏踏实实地去做，不断地去解决问题，才能不断提高能力，让自己在竞争中脱颖而出。

第四辑
从平凡看生活，会看见快乐

我们常常觉得自己平凡，并因此沮丧，其实，生活本身就是平凡的、呆板的，与其不断忍受它的一成不变，不如主动发掘其中的闪光点，建立新的价值。

没有人喜欢平凡，璀璨的瞬间值得铭记，但更重要的，是日复一日的生活。以平和的心情看待生活，在平凡中发现快乐，每一天都将是崭新的。

◎ 每个人都在过平凡的生活 ◎

众人都是平凡的，却有很多人渴望不平凡。纵使是那些每天念叨着平凡的人，也只是在无数次渴望不平凡的尝试失败之后无奈的感叹罢了，又有哪一个能够真正认识平凡、甘愿平凡呢？

辉煌的背后必然是平凡。从更高的角度观看人生会发现，人生就如同流星，灿烂地划过天际，最后复归于平凡。平凡才是人生最终的归路，每个人都在过平凡的生活，生老病死，没有人能够逃避。

庄子说，人们"终生役役，而不知所归，不亦悲乎"。确实，生活中，每个人都渴望成为不平凡的人，渴望有不平凡的生活，殊不知，他所谓的"不平凡"只是相对的，就整个社会的人生旅途来说，这种"不平凡"也是平凡中的一种。

甘于平淡的生活，不为琐事而烦心，这才是人生最真实的意义。知晓自己人生的目标，了解自己的所求，在平凡中过好自己平凡的生活，这样的生活才称得上生活。做平凡的事情，过平凡的生活。说着容易，做起来却并不容易。人们常常不屑于平淡，认为平凡就是平庸、无用的同义词。其实不然，平庸只是平凡生活的表象，而其真正的内涵在于平凡中所蕴含的那种恬然、淡然的心态，这是一种精神上的享受。人们常常追逐物质生活，忘记了回过头来看看自己的内心，没有发现自己的内心已经干涸。人们总是在追寻着外物，以为快乐就存在于那不可得的外物之中，于是，为了所谓的更好的物质生活而疲于奔命，最终却没有得到快乐。

约翰是个彩票迷，他天天盼着中大奖，经常幻想着中大奖，想象着中大奖后的生活将如何幸福，每天都在规划着中奖后的旅游计划。也许是上帝为他的执着所感动了，两年后，约翰终于中了一次百万大奖，一夜间暴富，跻身百万富翁的行列。

狂喜中的约翰十几天睡不着觉，他不停地规划着这笔财富的用途，脑子里浮现的都是他的计划，豪车、美女、别墅、名牌服装，再投资、再赚大钱，等等。然而，幸福的生活并没有持续多久，他出现了新问题——他开始失眠了，不仅仅是因为中奖后的兴奋过度，更是因为他的内心开始作祟——担心被绑架或者谋杀。于是，房间内外的任何响动都会引起约翰强烈的警觉。

除此之外，更有不断的骚扰电话打进来，汽车销售、房地产中介、保险等各式各样的推销电话，甚至还有陵墓推销商的电话，而推销信件更是堆成小山。可怕的是，几天之后，约翰就接到了恐吓信和恐吓电话，这使得他晚上更加睡不好了。甚至出门时，他都觉得后面有人在跟踪自己。于是，他赶紧买了一套别墅躲进去，不敢出门，渴望离开人们的视线。如此一来，他就失去了所有的亲戚、朋友以及同事，因而他感到更加孤独寂寞。

约翰觉得自己并没有得到以前向往的快乐，甚至失去了以前平凡生活中的快乐。于是，约翰开始向往起自己过去的生活了。那个时候，虽然收入有限，可无论做什么心里都感到非常地踏实。上班时可以和一大堆同事分享快乐和烦恼；闲暇时可以走亲访友，聊天喝酒、踏青、钓鱼，那时的生活是多么悠闲啊！而如今这一切都没了，都成了回忆。

物质的追求确实能够给人们带来一定的快乐，然而这样的快乐并不是长久的快乐。长久的快乐蕴含在平凡的生活之中。真正的幸福快乐在于次数与持续时间，而不是强度。美国心理学家的研究结果表明，彩票迷们在得到奖金的一段时间内确实感到非常快乐，然而持续时间不长，仅有几个月，时间一过快乐的情绪就会逐渐消退，到最后就如同一般人了。也即是说，他们虽然有钱，却没有变得比一般人更快乐。

懂得平凡的人才是最聪明的人。过好自己平凡的生活，体会平凡中的快乐。朝起沐清风，斜阳掩绿松。春秋花与月，冬夏雪和虫。生活便是如此，不因外物乱吾心，不以琐事坏余情。

人们总是活在别人的眼中，而不能够活出真我。不知道根据自己的内心来生活，总是依据他人的观点来调整自己的生活。如此生活又谈何快乐？纵使轰轰烈烈又如何？体味平凡，看淡激烈的人生。平凡的生活，就如同陶渊明篱下之菊，也是林逋孤山之梅。

人终究是平凡的，生活终究是平凡的。从平凡中看人生，就能够看出人生的快乐。

◎ 心气越高，结果越糟糕 ◎

一个小男孩提着篮子去田边捡蘑菇，捡到一个后就想：下一个可能比这个还大，于是丢弃了这个再去捡，但下次捡到的反比前一个小。他当然不甘心，总想要捡到一个最大的，于是扔了再去捡。就这样，扔了又捡，捡了又扔，篮子里一直空空的。

这种"捡蘑菇"的心境大多数人经历过，我们常会有好高骛远的心态，不自觉地给自己戴上望远镜，盯着很多很远的目标，结果瞧不起小事，而大事想做却做不来，或者轮不到做，最终英雄无用武之地，落空而归，一事无成，梦想化作一缕清风无处寻觅，空有抱怨，空有妒忌。

高远的目标是十分美好的，虽然我们可以心向往之，在无限的憧憬中尽情享受，但是最要紧还是现在捡起脚下的"蘑菇"，先别管它是大是小，只有这样才能真正有机会捡到"大蘑菇"，实现高远目标。

这个道理很简单，一项大目标是由很多小目标组成的，很多的小目标汇集在一起就是一个大目标。实现一个大目标，实际上就是去做那些小事情，只有把小事情做好了，实现了小目标，通过一点一滴的积累，才能最终实现大目标。古语曰"不积跬步，无以至千里；不积小流，无以成江海"，说的正是这个道理。

尹梦是一名音乐系的大三学生，她给自己制定了一个目标，就是做一名出色的音乐家。但是她在音乐方面的发展不顺遂，这使得她一会儿雄心万丈，一会儿随波逐流，想了许多办法都没有摆脱这种困扰。"唉，为什么我不能够成为音乐家？""成为一名音乐家就这么难吗？"尹梦将自己的迷茫倾诉给了大学老师。

"想想你五年后在做什么？"突然间老师冒出了一句话，"别急，你先仔细想想，完全想好，确定后再说出来。"

沉思了几分钟，尹梦回答道："五年后，我希望能有一张唱片在市场上，而这张唱片很受欢迎，可以得到许多人的肯定。"

"好，既然你确定了，我们就把这个目标倒算回来，"老师继续说道，"如果第五年你有一张唱片在市场上，那么你的第四年一定是要跟一家唱片公司签上合约，那么你的第三年一定要有一个能够证明自己实力、说服唱片公司的完整作品，那么你的第二年一定要有很棒的作品开始录音了，那么你的第一年就一定要把你所有准备录音的作品全部编好曲，那么你的第六个月就是筛选准备录音的作品，那么你的第一个月就是要把目前这几首曲子完工。那么，你的第一个星期就是要先列出一整个清单，排出哪些曲子需要修改，哪些需要完工，对不对？"

"不要去看远处模糊的东西，而要动手做眼前清楚的事情，"老师意味深长地说。

听了老师的话，尹梦犹如醍醐灌顶，恍然如梦。自此，她脱离了那种虚无缥缈的期盼，接下来的一个星期她列出了一整个清单，然后一步步开始实现自己的目标，最终成为一名出色的音乐家。

好高骛远，一蹴而就的成功，不但违反自然规律，而且寸步难行，只会使自己失望，加深挫折感而已。要想成功，唯一的办法就是以立足的地方为起点，踏踏实实地走好脚下的每一步，不害怕困难和挫折，一步步缩短梦想与现实之间的距离，那么最终任何梦想都能够成为现实。

成功在于积累，而不是想象，没有行动，成功不会降临。幻想太过于脱离现实，结果就是被现实无情地打败。成功是努力、是计划，凭空订立一个无法施行的计划，那么你只是在浪费时间和精力而已。

梦想很美，你可以无尽地想象，但你要活在现实当中，为明天做出应有的努力，如此你才不会辜负自己的梦想。你可以展望未来，但要知道，你的不凡也是建立在平凡基础上的，正视眼下的平凡，你才能铸就不凡的奇迹。

洛杉矶湖人队负责人以年薪120万美金聘请了一位教练，他们希望教练能够通过高明的训练方法，帮助队员们提升战绩。但是，教练来到球队之后，却没有什么独特的训练方法，而是对12个球员这样说道：——我的训练方法和上任教练一样，没什么特别，不过我有一个还算特别的要求，就是每天在各个方面进步一点，每天罚篮进步一点，篮板进步一点，远投进步一点，传球进步一点，抢断进步一点，每个方面都能进步一点。

天啊！这是什么训练方法，负责人在心里偷偷捏了一把汗。不过，很快他就改变了自己的态度，他不得不佩服起教练来。因为在新季度的比赛中，湖人队大败其他球队，勇夺 NBA 总冠军。对于自己的"战果"，教练总结说，因为 12 个球员每一天在 5 个技术环节中分别进步 1%，所以一个球员进步 5%，而全队进步了 60%。这些天来，他们每天坚持进步一点，可想而知他们的进步有多大……

积跬步以至千里，积小流以成江海。没有漫长的量的积累，怎么可能有质的飞跃？每个人都渴望成就不凡的事业，但命运不会平白无故给你这些，还需要你自己去争取。在目标面前，我们应该注重实际，慢慢积累，这样才能一点点靠近目标。若是空有雄心壮志，那么最终你只能看着遥远的梦想哀叹了。

◎ 过山车，偶尔坐坐很过瘾 ◎

人们憧憬影视作品里跌宕起伏的情节，认为人一辈子就该不断地冒险，这样的生活才浪漫。但别忘了，艺术源于生活，但永远高于生活。影视作品中有巅峰，也有低谷，人们觉得这就是人生，但电影的结尾我们能够预料，现实生活就不同了，有无数种可能，我们不知道下一秒会发生些什么，若是每天都在动荡不安中生活，那么再坚强的人也会崩溃。

对于很多人而言，婚姻在生活中占了相当大的比重，无论男女，对爱情都有着原始的憧憬，希望刻骨铭心的爱情就发生在自己身上，为了爱轰轰烈烈一次。但实际上，在凡俗中，大部分人都过着平淡的生活，每天为了柴米油盐的琐事奔波。

可实际上，婚姻生活的真谛就在于琐碎的柴米油盐中，实实在在的生活才是最重要的，才是生活真实的滋味。就像好莱坞著名导演史蒂芬说的那样："我到过许多地方，发现世上许多人的生活比我们想象的要平淡得多，然而却能体现出他们自身的价值，更平静，更悠闲。"

她和他在电影院偶然相遇，一见钟情。新婚生活是美好的，两人各自忙着自己的事业，回到家就是柴米油盐，可是渐渐地喜欢浪漫的她觉得日子太过平淡，对爱人没有了心跳的感觉，她甚至觉得他不是真的爱自己，提出了离婚。

男人深爱这个女子，他艰涩地问："为什么？难道你觉得我不够爱你吗？那你说，我哪里做得不好，我要怎么做，你才能改变主意？"

她说："我问你一个问题，如果你的答案我能接受，那我就选择留下。假如我非常喜欢一朵花，但是它长在悬崖上，如果你去摘，一定会掉下去摔得粉身碎骨，你还会为了我去摘吗？"

他沉默了一会儿，然后说道："我想一下，我明天早上给你答案。"

第二天早上，她醒来时他已经出去了，桌上依然像往常一样放着一碗她最爱的、热腾腾的米粥，下面压着一张他留下的纸条，上面写着满满的字。看了第一行后，她的心一下子沉了下去，但……

亲爱的：

我确定我不会去摘那朵花，理由是：

在这里住了这么久，你出去还是经常找不到方向，然后就开始哭，所以我要留着眼睛帮你看路。

别人惹你生气时，你总是不说话，喜欢一个人生闷气，而我怕你气坏了身子，所以我要留着嘴巴逗你开心。

你每月那几天都会疼痛难忍，而我要留着手给你暖肚子。

你出门总是忘记带钱包，买好了东西才发现没带钱，而我要留着脚跑去给你送钱，让你把喜欢的东西买回家。

因此，在确定你身边没有更爱你的人之前，我不想去摘那朵花……

亲爱的，如果你接受我的答案，就把房门打开吧！我正拿着你最喜欢吃的豆沙包在门外等着呢……

她打开了房门，扑在他怀里放声大哭，她不再需要那朵花了！

锅碗瓢盆的琐碎生活，总会将风花雪月尘封在时光的沙漏里。走在婚姻路上，也许对方没有天天对你说"我爱你"，但对方会为你打上一把遮风避雨的伞，为你沏上一杯飘着香气的茶，为你盖上早已暖热的被子，给你一个依靠，一个归宿……谁能说这不是另一种意义上的浪漫呢？

确实，生活中也有像烈火那样熊熊燃烧的爱情，但你是否想过，这样的爱情燃料是什么？爱需要的不仅仅是感动，更多的是维系。生活就是如此，就像坐过山车一样，一次的刺激会让你感觉生活充满了热情，但让你无限次地坐在过山车上，那么你除了头晕眼花之外不会有任何浪漫的感觉了。

相恋只是爱情的开始，在爱情中，相守更为重要。但是很多人不能接受平淡的生活，认为现实已经将爱情磨灭光了，但实际上，只有激情退去了，爱情转变成了实实在在的日子。当然，并非所有的人都能够理解这种平淡的相守。

近来，每次看到玲，她总显得有些不开心。朋友聚会时，常听到她在抱怨婚姻生活就是家长里短、柴米油盐，平淡得近似无趣。

可是，在长达五年的恋爱里，两人一直都如胶似漆。一年前，玲是在众人无数的羡慕和祝福中走入她憧憬已久的婚姻殿堂的。

然而，当新婚的甜蜜和激情退去之后，玲发现当初那个被她认为是浪漫多情、细致体贴的男人却变得有些不讲道理、懒惰起来，不再为她多花心思。再加上家务的烦琐，工作的压力，两个人似乎很难再有激情的火花碰撞。说不到一起，做不到一起，矛盾、争吵、分居，甚至各自负气出走。

玲很困惑：难道婚姻真的就是爱情的坟墓吗？婚姻生活就真的是这样平

淡无趣？

　　相爱容易相守难，这是一个真理。在爱情中两个人说着甜言蜜语，因为对方的一言一行而苦恼，时刻猜测着对方的想法，在困扰中甜蜜着……可是当步入婚姻殿堂之后，一切似乎都变了，对方的一言一行已经熟悉无比，一个小动作就知道对方在想些什么，再也没有了那时的新鲜感。甜言蜜语也不常说了，就算特别的日子对方也有可能忘记……难道爱情不在了吗？当然不能这样说，两个人相恋实际上是一个磨合的过程，磨合中互相伤害，最终便分道扬镳，若是两个人越靠越近，最后就会走到一起。

　　爱情不是殊途，就是同归，只有这两种结果。然而令人们难忘的总是没有跟自己走到最后的那一个。因为这个人对于自己而言意味着浪漫，代表着激情，也代表着幻想。再看看身边的人，似乎已经老去了，没有了相恋时的激情。但人不是机器，虽然偶尔有激情能重拾相恋的感觉，但每天如此，人是会疲惫的。当激情过后，人们渴望的仍旧是那个和自己相守过平淡日子的人。

　　没有比平淡的生活更令人感到踏实的了。在婚姻生活当中，对婚姻和另一半产生疑惑很正常，但这也不过是婚姻的常态，只是一时的感觉而已。仔细观察生活就会发现，那些轰轰烈烈的爱情只能让人产生憧憬，但相守到老的浪漫才会让人产生幸福感。

　　两个人在一起时间久了，就像左手和右手，虽然不能时时刻刻擦出情感的火花，但是能够相依相守也是好的。因为，放弃这么多年的时光和付出，需要很大的勇气。也许，在以后的生命历程中，还会出现爱你或你爱的人，但那终归是过客，人们依旧会牵着左手或右手走下去。

　　也许，幸福有时候真的不只是和爱情有关：有的人，我们看了一辈子却忽视了一辈子；有的人，看了一眼却影响到一生；有的人热情得让我们快乐，却被我们悄悄冷落；有的人让我们拥有短暂的开心，却得到了思绪的连锁；有的人一厢情愿了许多年，却被拒绝了许多年；有的人无心的一个表情，却成了我们永恒的思念。也许这就是人生：不要轻易忽视本不该放弃的，却固执地追求本不该坚持的。

或许结婚前的我们都充满了激情，都认为自己和身边的那个他（她）能创造出一段不平凡的爱情故事。即使没有"惊天，地泣鬼神"的海誓山盟，也总会演绎出一番起伏跌宕的传奇。总觉得等到几十年以后，已经两鬓斑白的我们可以坐在摇椅上回想自己荡气回肠的一生，可以充分体验到与爱人惊世骇俗的激情。

可是，就像我们的父辈，甚至更老的长辈们一样，只有真正经历了世事的沧桑以后才会发现，无论多么荡气回肠的故事总要回归现实的平淡，无论多么伟大的成就都不能取代来自平淡生活的那份从容与宁静。当回顾人生百味时，才从心底有所感悟：原来，与我们的心灵贴得最近的，还是那些我们曾经并不看重的平淡与真实。

有这样一对年近九旬的老夫妻，他们在一起生活了近七十年，岁月的痕迹给他们留下了满脸的皱纹和花白的头发。但他们依然健朗矍铄，常能看到他们脸上慈祥的笑容。

每天早晨，他们都要去早市买菜。去的时候，大爷拄着拐杖，大妈拎着空篮子，两人并排而行。回来的时候，空篮子里装满了蔬菜水果，拐杖穿在篮子中央，两人抬着。大爷走在前面，大妈走在后面。

上午，大妈拿着小凳坐在大树下开始择菜，大爷躺在树荫下的躺椅上，摇着蒲扇，看着报纸。时常，报纸会滑落，蒲扇也会停止摇动，大妈拿出薄毛巾被轻轻地搭在大爷身上。

傍晚，他们在小区里悠然而缓慢地散步。没有电视镜头中的手挽手，也没有温情脉脉的眼神，只是两个人在慢慢走着。偶尔，大爷走快了两步，停下来，回过头等着大妈赶上来，再并排一起走……

可是，很少有人会想到，这样一对"白金婚"的老人，竟然是指腹为婚！

他们在5岁的时候就被定下了娃娃亲，结婚前从没见过面。1938年，两人结婚。而后，从抗日战争、解放战争到抗美援朝，一直是"为革命牺牲小家"，精力基本都放了工作上，平时只能短暂地在一起，过得也是极其平淡的日子。

一直到80年代中期，两人才先后离休。这时老两口才有时间在一起享受享受生活。

1997年，不幸降临了。大妈身患重病，半瘫在床。除了更加精心地照顾老伴儿以外，大爷没有丝毫的抱怨。他只是说："现在医疗条件能跟上，肯定能恢复得不错。"

在大爷的照顾下，大妈精神很好，没多久就能扶着墙走路了。而后渐渐地，就像人们后来看到的，从一点一点慢慢散步到现在，两人每天早晨一起去买菜。

在被问及有什么"爱情保鲜秘籍"时，大爷回答："我们是娃娃亲，不像现在的年轻人要那么多的浪漫。我和她相濡以沫走到今天，不容易。我们过得很平淡，相互间的感情不在于言语之中，平平淡淡才是真。"

婚姻是两个陌生的人走到一起，相爱容易相处难，激情过后，剩下的只有各自真实的性格和脾气。不同环境、不同背景、不同喜好的人组合在一起，也许本身就是不完美的。面对这种不完美时，去接受，并尽力调和，全在于我们的心态。

无论是怎样感人的爱情，激情过后终究要归于平淡，爱情终将以朴实却又温馨的生活作为延续，这是生活的常态。心无法总是在虚无的浪漫中飘荡，只有柴米油盐才能让心尘埃落定……只要用心体会，幸福时刻都围绕在我们身边。细水长流的爱情，像春风拂过，轻轻柔柔，一派和煦，让人沉醉入迷。

是的，我们不能拥有琼瑶小说里惊天动地的爱情，没有徐志摩、林徽因惊鸿一瞥的爱情，但我们可以有平凡的生活，凡俗的爱情。在柴米油盐中精心呵护爱情，弹奏一曲属于自己的幸福乐章，就如一首歌中所唱："柴米油盐酱醋茶，一点一滴都是幸福在发芽……"是的，幸福在发芽、成长，并终将开花、结果。

◎ 没有人注定要渺小 ◎

一只毛毛虫正在岸的这一边叹气，它面前有一条波澜壮阔的河流，它很想去对岸看看风景，可是，河上没有桥，它又不会游泳，怎么才能过去呢？有时候我们就像这只毛毛虫，生活在此岸，却总想去理想的彼岸领略一番。可是，面对现实我们常常力不从心，常常束手无策，这个时候，似有若无的惆怅就会围绕着我们，让我们变得伤感，甚至消沉、绝望、抱怨人生的平庸。

余先生是个性格温和的男人，他有一份收入稳定的工作，还有一套三室住房，可以说是很多女人心目中的适婚对象，也算是多数人眼中的幸福人士，毕竟，工作不那么忙，不用为生活奔波，是很多人做梦都想要的生活。

可是在余先生心目中，对生活，他始终有一丝惆怅。从小，他就有几个不错的好朋友，他们各个能力超群，而余先生，只是因为家住得离他们近，性格又非常好，才一直和他们混在一起。也许是朋友们太过优秀，余先生也希望和他们一样，有自己的一片天地施展拳脚，但是，不论他怎样努力，他也不过是个普普通通的上班族，过着稳定的生活，没有任何惊喜。

在爱情上，他也渴望遇到一个钟情的伴侣，交过几个女朋友，可是她们总是摆脱不了小女孩的自私习气，对他呼来喝去，很少温柔体贴。现在，他已经对爱情不抱希望，但又不甘心找一个和自己一样毫无亮色的人将就过日子。

在旁人看来，余先生的生活很理想，就连余先生自己也知道，以他的能力，这已经是最好的情况，但他始终不能抹去心中的惆怅，关于人生，他总是有太多的哀叹……

惆怅，是我们常常能够体会的一种情绪，他不是抑郁，不是悲观，只是心底一种淡淡的叹息，它看上去并不影响生活，并不影响心情，但总是在你快乐的时候来投点阴影，在你悲伤的时候来加点分量，在你选择的时候来扰乱你的判断，再在你想要振作的时候对你耳语：算了吧，反正不过是那么回事。

惆怅，就是在一望无际的天空中，始终有那么一片阴云，影响了整个景致，挪也挪不走，丢也丢不开，时时刻刻都可能干扰你的生活。太多的惆怅还可能连成一片阴霾，激发你更多的负面情绪。所以，惆怅不可过分，否则就是自找没趣。本来生活多姿多彩，你却偏偏长时间地沉浸在叹息之中；本来你有让人羡慕的一切，你却还要"为赋新词强说愁"，这就更加让人难以忍受。

而惆怅很大一部分原因是我们难以接受自己的平凡：为什么别人能够成功，而自己不能，别人能够得到幸福，而自己偏偏这样不幸？其实，每个人对成功的概念都是不一样的，有些人渴望站在世界的顶峰，但实际上，能够做到这一点的只有少数人，平凡人也有平凡人的幸福，就算是毛毛虫，也可以翻越高山，但若是你不能接受自己的平凡，却只能看到自己的平庸，那么你的未来就注定了。

不管我们多么平凡，都有努力的余地，虽然不能成为世界上站得最高的人，但我们可以站在自己人生的巅峰，我们还可以追求快乐。

大学时，陈辰长相普通，身材平平，看上去没有任何特长。在班级里，她显得那么普通，一开始没有人会去留意她。但她有个优点，就是有梦想，有追求，她梦想自己拥有青春美丽的笑容，有不错的人缘；她梦想今后自己工作能力出众，遇见喜欢的男生；恋爱时，她想象有全世界最漂亮的婚纱，是人人羡慕的漂亮新娘。

或者说，陈辰的优点不是有梦想，而是敢想敢做，她觉得自己就像拿着一支画笔，不断勾勒出生活的轮廓，以美好生活方式经营着一种精致，并慢慢接近梦想中的样子。她发现，她的梦想是那么重要，甚至主宰了自己的快乐，如果没有了可供向往的未来，每天都活得没有动力；如果拥有了向往，就会对未来充满期待，有迎接挑战的勇气。

就算结婚以后，在琐事繁多的婚姻生活中，陈辰依然不肯放弃梦想，她向往节假日和丈夫一起去旅行，向往生一个健康漂亮的小宝宝……

有一年的大学同学聚会上，依然年轻漂亮的陈辰与别人自若地谈笑风生，自有一种"一夫当千军"的气概，一些同学纷纷向陈辰讨教幸福生活的秘诀。

看着那些脸上写满了生活琐事的同学，陈辰问道："你们的梦想是什么？"很多人都无奈地表示：现在只想怎么把现实中的日子过好，管它什么梦想。"这就是你们的不幸所在，因为生命里一件宝贵的东西——梦想，已经被磨平了，消耗了。"

直到现在，陈辰依然爱"做梦"，她享受着梦想的过程，也享受着将梦想变为现实的过程，她觉得自己拥有的比全世界还要多。

泰戈尔说，如果你为错失的阳光哭泣，那么你也会错过头顶灿烂的群星。谁没有经过苦难？谁没有为生活烦恼？为什么有些人能够将困难举重若轻地放到一边，继续走自己的路；有些人却将它们背在肩膀上，成了缓慢爬行的蜗牛？心态不同，结果也会不同，心胸开阔的人，不会为一时的困难踟蹰止步，他们永远看着前方，不急不躁。

　　就像故事中的女主角，当别人都在为曾经的生活惆怅，她却在幻想将来的一切，尽管那些东西看上去不切实际。但世界上有多少事，起因只是一个不切实际的念头？想象中的未来，本就应该充满阳光与欢笑，而不是愁云惨雾，始终延续着过去的惆怅。

　　我们的能力有限，但这不代表我们的未来有限，只要你不被负面情绪控制，对自己的平凡抱怨不休，那么你就可以为自己的明天努力。毛毛虫又怎样，一样可以过大河！就算面前是艰难险阻，也有渡河的办法，迂回一下又怎样？我们照样可以过得辉煌！

　　我们不必羡慕那些"赢在起跑线"的人，只要我们厚积薄发，也能追上幸福，也能找到快乐。

◎ 迷茫，是因为缺乏目标 ◎

　　人生是一个过程，今天的人不知道明天的事，于是，有的人迷茫了，开始质疑人生，尤其看到身边那么多把日子过得风生水起的人，再反观日子过得平淡的自己，自己更是感到困惑。难道命运故意安排自己当一个平凡人？平凡也没什么不好，那就平凡下去吧，可是就算自己甘于平凡，也总会有麻烦找上门。于是再次感到迷茫，人生究竟是什么？

　　其实，迷茫仅仅是因为缺失一个目标。世上大部分人都过着平凡的日子，像所有人一样，出生、成长、学习、工作、结婚、生子、老去……可每个人都有每个人的烦恼，每个人对自己的生活都有自己的目标。若是你羡慕身边的平凡人，对自己感到困惑，那么就是你该为自己制定目标的时候了。

　　每个人对自己的生活都有追求，而且明白事事都不是那么容易做到的，说到底，你得将自己的梦想转换成一个现实中的目标，这样你的日子才能过得风生水起。意外来临的时候，目标可以让你稳住脚步，能够支持你走过风雨，涉过险途。

　　沙漠里气候干旱，风沙是常有的事情，很多人都被无情地埋葬在这里。

　　一位探险者行至沙漠时，遭遇了一场突如其来的风暴，吹得他什么也看不见，一阵狂沙吹过之后，他已认不得正确的方向，而且他那装有干粮和水的背包也被卷走了，这个人难免有些沮丧。

"哦，我还有一个标本！"探险者惊喜地喊道，原来在他上衣的口袋里还有一个蝴蝶标本，那是他答应给女儿带回去的礼物。于是，他就拿着这个标本，坚强地走在沙漠里。整整一个昼夜过去了，探险者仍未走出空旷的大漠。

饥饿、干渴、疲惫、失望等一起涌上心头，望着茫茫无际的沙海，有好几次探险者都觉得自己快要支撑不住了。可是看一眼手里的标本，他想起了女儿期盼的目光，陡然间又增添了些许力量。

顶着炎炎烈日，探险者又继续艰难地跋涉。已数不清摔了多少跟头，只是每一次他都挣扎着爬起来，跟跄着一点点地往前挪，他心中不停地默念着："我要活下去，我还要把蝴蝶标本送给女儿……"

三天以后，探险者终于走出了大漠。那个蝴蝶标本依然完好地拿在他手里，他双手轻轻地把标本擎了起来，看上去像是举着一个宝贝。他哭着说："若是我没有这个标本，或许我现在已经命丧沙漠了。"

人的一生又何尝不是如此？在生命的旅途中，我们常常会遭遇各种挫折和失败，就像行走在迷茫无际的荒漠中。这时候，其实只要心头不熄灭一个坚定的目标，始终毫不动摇地向着目标前进，总是可以渡过一个个难关的。

相反，如果一个人心中没有目标，一旦风云四起、变幻莫测之时，就容易东一榔头子西一棒子，整天忙忙碌碌、晕头转向，迷茫不知所措，结果自然没有一点成就。而一个心中有目标的人，自会深谋远虑，未雨绸缪，从容不迫，创造成功。

美国纽约一家大型铁路公司的总裁弗兰克就是循着这条路径达到时成功的。

谈及自己的成功时，弗兰克说："在我看来，对一个有目标的年轻人来说，没有什么不能改变的，也没有什么不能实现的，而且这样的人无论从事什么样的工作，在什么地方，都会受到欢迎。"

50年前，弗兰克还是一个13岁的少年。由于家境贫困，他没有上过几天学便提早进入了社会，他要求自己一定要有所作为。那时候，他的人生目标是当上铁路公司的总裁。

为了这个目标，弗兰克从15岁开始，就与一伙人一起为城市运送冰块，同时不断地利用闲暇时间学习，并想方设法向铁路行业靠拢。18岁那年，经人介绍，他进入了铁路行业，在长岛铁路公司的夜行货车上当一名装卸工。尽管每天又苦又累，但弗兰克始终铭记自己的人生目标，并积极地对待自己的工作，他也因此受到赏识，被安排到铁路公司干铁路扳道工的工作。

弗兰克感觉到自己正在向铁路公司总裁的职位迈进。在这里，他依然勤奋工作，加班加点，并利用空闲帮主管做一些统计工作，他觉得只有这样才可以学到一些更有价值的东西。后来，弗兰克回忆说："不知道有多少次，我不得不工作到午夜十一二点才能统计出各种关于火车的赢利与支出、发动机耗量与运转情况、货物与旅客的数量等数据。做了这些工作后，我得到的最大收获就是迅速掌握了铁路各个部门具体运作细节的第一手资料。而这一点，没有几个铁路经理能够真正做到。通过这种途径，我已经对这一行业的所有部门的情况了如指掌。"

但是，扳道员工作只是与铁路大建设有关联的暂时性工作。工作一结束，弗兰克面临着离职的危险。于是，他主动找到了公司的一位主管，告诉他，自己希望能继续留在公司做事，只要能留下，做什么样的工作都可以。对方被他的诚挚所感动，调他到另一个部门去清洁那些满是灰尘的车厢。不久，他通过自己的实干精神，成为通往海姆基迪德的早期邮政列车上的刹车手。

在以后的岁月里，弗兰克始终没有忘记自己的目标和使命，不断地补充自己的铁路知识，废寝忘食地工作着，他每天负责运送 100 万名乘客，却从没有发生过重大交通事故，最终弗兰克终于实现了自己成为总裁的目标。

人生的道路有太多岔口，然而通向成功的往往只有那么一条。认准目标，坚定向前，如此才能不在岔路中迷失，才能在追求成功的道路上少走弯路。在这纷繁复杂的世界里，从"昨夜西风凋碧树，独上高楼，望尽天涯路"，到"衣带渐宽终不悔，为伊消得人憔悴"，再到"众里寻她千百度，蓦然回首，那人却在灯火阑珊处"，都应该毫不放松地向着目标前进。

知道目标的重要性是好的，但是成功不在于你知道多少，而在于你做了多少、坚持了多少。为自己树立一个目标，并坚持下去。人生何处不迷茫？只要你认准了一个方向，那么在万事面前你都有着处之泰然的心境，无论是狂风还是骤雨，你都可以拿出潇洒自信，将自己的日子过得从容淡定。

◎ 寻找小乐趣，快乐是简单的事 ◎

人生说穿了只有几个字：生老病死是状态，喜怒哀乐是情绪，衣食住行是消费。人活着，体会的是一种感觉，品尝的是一种滋味。我们每个人都向往着快乐，那么什么是快乐呢？快乐是个很大很远的名词吗？

不是的，快乐存在于小事当中。快乐不是长生不老，不是大鱼大肉，不是权倾朝野，而是小事的堆积。生活中的一句话，一件小事，一个眼神，一句鼓励，一句安慰都是一种快乐的暗示，不过只有善于发现和体味的人才能感觉到。道理很简单，快乐不在于拥有多少，而是一种感受、一种心境。

玛雅虽然相貌不出众，才能不拔尖，是一个各个方面普普通通的女人，但是她却是自己圈子里最有魅力的。不为别的，在生活中她总是微笑着，看起来活得很快乐，甚至经常在一个人做什么事的时候她会忽然笑起来。

"玛雅你笑什么呀？"同事问。

玛雅用手一指办公室的窗外，"你看那个树上挂着一个鸟窝，鸟窝上粘了几片叶子，还有那个树枝，哈哈。"

同事们瞧了瞧，不以为然，玛雅就用手机拍下来，给大家看。果然照片上显示出一个笑脸 "^_^"，那是由鸟窝、树叶和树枝组成的。这么别致的笑脸，每天挂在办公室窗外的树上，发现的只有玛雅一个人，她就比其他人快乐得多。

　　有人会羡慕地说，你看谁谁多快乐，真让人羡慕。是他们真的幸运吗？事实上，他们或许有着更多的烦恼，只是他们善于从生活中一件微不足道的小事中发现快乐、咀嚼快乐，并品尝这些小小的快乐带给自己的满足。这就像棉花糖，一絮絮、一丝丝，慢慢品尝，就会有甜味，甜到心里。

　　就像人们说的，世界并不缺乏美，缺少的是发现美的眼睛。不管你的身边有多少乐事，你发现不了，就永远只会抱怨。遗憾的是，大部分人都在忙于工作、应付压力，缺少了发现的心情，致使生活失去了乐趣，平凡的生活变得平淡寡味。正如作家所说："每个人都希望自己是快乐的。可我们都太忙了，都把快乐这事给忘了。"

　　有一个小和尚过得很不快乐，于是他向禅师请教快乐之道。

　　禅师讲了庄周梦蝶的故事："有一天黄昏，庄周一个人来到城外的草地上，他仰天躺在草地上，闻着青草和泥土的芳香，尽情地享受着，不知不觉睡着了。他做了个梦，在梦中他变成了一只蝴蝶，在花丛中快乐地飞舞。上有蓝天白云，下有金色土地，还有和煦的春风吹拂着柳絮，花儿争奇斗艳——他沉浸在这美妙的梦境中，完全忘了自己。突然间庄周醒了过来，虽然刚刚只是一个梦，不过庄周觉得快乐极了。"

　　故事讲完后，禅师对小和尚说："一只小小的蝴蝶在梦里飞入了庄周的心，也能让他变得快乐起来，那么生活中还有什么事能让他担忧呢？快乐无处不在，许多点滴都值得我们细细品味、咀嚼。"

　　小和尚听完禅师的话后，终于明白了快乐的道理。

我们常常被不快乐迷惑，忽略也遗忘了快乐的时候。庄周在梦中化为蝴蝶，从喧嚣的人生走向逍遥之境，看到自己"飞舞"的模样，惊觉自己的快乐，这是庄周的大幸。这正如禅师所说："快乐存在于平淡的生活之中，快乐无处不在，许许多多的点点滴滴都值得我们细细去品味、去咀嚼。"

如果想做个永远快乐的人，就要学着细心一点，用心一点，在平凡生活中寻找快乐，感受那些小小的快乐，为一个小小的祝福而心存感激；为一份小小的真诚友情而感动；为一个小小的礼物欢呼不已；为一个小小的关心充满怀念……也就是这些小小的快乐，让我们的生活变得多彩，生命变得更可亲，更让人眷恋。如果你仅仅是听从负面情绪的安排，那么你眼中就只有忙碌的生活、不幸的婚姻以及刻薄的上司。

英国一家名叫"三桶白兰地"的机构，发起了一项针对 3000 名英国人的小调查。调查中，研究人员列出了 50 个不同的选项，让这 3000 名受访者勾选。其中，"在旧牛仔裤的口袋里发现 10 英镑"被选为最让英国人感到快乐的一件事。10 英镑就可以换来快乐，这样让人感到幸福的小事其实还有很多很多。

不管富贵与贫穷，我们都需要懂得寻找人生的快乐。一点点积攒身边每件小事带来的快乐感，你会发现，忧愁和压抑感会自然从内心深处消失，你已经体会到了快乐的滋味，你也可以主动去寻找这种快乐的感觉，让自己平凡的生活发生奇妙的变化，让平凡的日子处处飘满快乐的花香。

◎ "救火队员"的一天 ◎

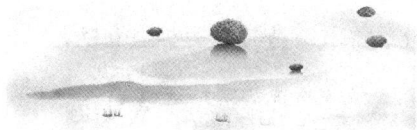

有人说："我每天都很忙，却总被别人批评，说我太多工作没完成，太懒惰。"实际上，这句话道出了很多人的心事。忙忙碌碌的生活，把自己逼得马不停蹄，就像救火队员一样，每天和时间赛跑，前院的事情解决了，后院又着起火来……

很多人感到委屈，我每天被生活和工作逼得无所遁形，一直忙忙碌碌，结果却仍说自己不够努力，还有比这更委屈的事吗？但实际上，这样的人并不值得同情，因为他们虽然看起来很忙碌，但实际上一天中并没有多少精力放在真正有用的地方。说白了，一天天都在"瞎忙"中荒废了。

小戴对生活感到无奈，她毕业后就在一家游戏公司上班。每天早晨，睡眠不足的她都会被闹钟吵醒，懒腰也来不及伸一下，就要匆匆地跳下床，然后以最快的速度洗漱，在路边匆匆买上一份早点，马上冲入上班的滚滚洪流中。几经辗转到达公司所在的写字楼，开始一天的工作。

在公交车上，她害怕自己的贵重物品被盗，觉得每个人在拥挤的时候都不怀好意。她紧紧地看着钱包和手机，好不容易来到公司，从早上踏进办公室的时候开始，心里就热切地盼望午休，看着网页，一边加急赶着前一天没有干完的工作，中间还有临时插进来的活。中午吃了便当之后，她还要背着老板，玩一会儿游戏，逛一逛淘宝，紧接着开始完成上午没有干完的工作，同时心里在规划着下班后的活动。

下班打卡之后，她又随着潮水一样的人流涌入地铁，在地铁里、公交车上，寻找一些可能的机会补眠，这时的她在路人眼中脸上写满了疲惫。下了车，又和傍晚约好的朋友一起逛街、娱乐，一直到深夜……

回到家中，洗漱过后躺在床上睡意全无，虽然身体疲惫，但就是不想睡。这时又想起白天临时安排的工作，不得已，爬起来熬夜加班……最终只睡了两个小时的她又爬了起来，开始了新的一天……

熬了一周，到了周末，小戴更是放纵自己享乐，但两天很快就过去了，马上又迎来了周一……她的日子就在这样的忙碌中周而复始地度过了。她觉得自己非常疲惫，身心都受到了极大的压力，但在职场上仍旧没有得到上司的赏识。她时常考虑，自己或许应该换一个安逸的工作了，那样她就有更多的时间去享受生活了。

看了小戴的故事，你是不是觉得这个人很眼熟？甚至觉得这就是自己。很多人都抱怨着时间去哪儿了，答案其实很简单——时间在荒废中流逝了。虽然看上去每天都很忙碌，被时间追着跑，火急火燎，但实际上，并没有多少时间真正花在工作上，或者说效率很低，即便很少的工作，难以投入其中，虽然眼睛一直盯着工作，却并没有怎么思考。在相应的时间没有完成相应的工作，于是业余时间一边要沉迷于享受，一边还要抽出时间弥补工作。

归根结底，这些人的内心里总是在试图敷衍工作，敷衍一切事情，从根本上讲，这些人的内心是懒惰的，他们不愿意思考自己的真正价值，更不愿意去实现自己的价值，他们的生命在瞎忙中一点点浪费，最终的下场和什么也不做的"懒人"几乎相同。

一位企业家曾谈起了自己遇到的两种人。

有一种人，不管你在什么时候看见他，他都是忙忙碌碌的样子。如果要和他说话，他也会告诉你只有几分钟时间，谈话时间稍微长一点，他就会把手表看了又看，这是在无言地提醒你："我很忙，请快一点。"可事实上是，他虽然很忙，却没有太大的成绩。究其原因，主要是他不善于合理安排自己的工作，工作毫无秩序，做起事来经常因为没有章法而陷入混乱。结果，他的事业是一团糟。

另外有一种人则恰恰相反。他从来都显得气定神闲，做事也非常冷静。他秩序井然地打理着各种事务，应对各种问题，往往能够取得成功。

这位企业家总结说："那个看起来忙忙碌碌的人，其实是个懒惰之人，因为他从来不愿费心想想自己应该怎么做才能更有效率，所以他只能是输家。只有第二种人才可能成为赢家。"

忙碌并不代表你在做事情，只有思考才能证明你在干什么。所以懒惰并不是说一个人的手脚不勤快，而是大脑不愿意运作。上司说什么就做什么，爱人指导什么就干什么，觉得忙就敷衍，或者直接拒绝……其实关键在于自己是否能够安排，做出计划。一个对时间有规划的人能够控制时间，而不是被时间追赶。

西方有一句俗话说："工作可以使一个人高贵，但也可能把他变成动物。"这就是说，那些高效率工作的人，会从工作中获得自己所想要的一切，而"瞎忙"之人，就如同动物一样盲目且低效。

赢家不会在毫无裨益的事情上浪费自己的精力。因为一个人的精力是有限的，你如果懒得动脑筋让自己脱离瞎忙的状态，那必将一事无成。一个赢家肯定是善于利用身体内的精力和能力的人，他们总是在思考：如何利用自己的才智、精力和体力才是最有效率的。而那些懒惰之人，由于他们不勤于思考，所以总是将自己的才智、精神、体力空耗了，糟蹋了，他们不见得比他人清闲多少，但是却收效甚微。

聪明人会把每一分钱都花在"刀刃上"，智者则更懂得将自己的精力用在最有效的地方。但很多人却总是在瞎忙，他们将自己的精力用在庸庸碌碌上，这样的人还能够做成什么大事呢？时间和事情近在眼前的时候再去做，事先没有安排，中间临时有变就不知所措了，只能更加忙碌。

其实，这种情况并非不可扭转，在享受生活的同时，你也要对自己的未来有所规划，就算你是一个平常人，没有打算打拼大事业，也得对自己的人生有个最起码的规划，至少要对眼前的生活有个安排，这样你才不会像救火队员那样随机出动，到处"灭火"。你若是个聪明人，提前做好"防火"措施，那么很多事情都可以免去了，这样一来，你就不用在补救一件事上浪费时间，自然能够气定神闲了。

首先给自己定一个目标吧，不要总看着不快乐的工作哀叹，不要因为是自己不喜欢的事业就混日子。找一个自己内心的目标，有了明确的追求，每一天都是为了目标而奋斗的，这样每一天都是有意义的，你的生活才真正进入了正常轨道，日子才能过得有滋有味。

有备才能无患，做一个提前"防火"的人吧，不要等后院起火再去找解决办法。不要眼睁睁看着时间流逝抱怨了，做自己的主人，主宰自己的人生，你才能安然度过每一天。

◎ 记住，你不是超人 ◎

美国著名汽车公司福特汽车的创始人亨利·福特，在回忆当初自己的管理方式时，感慨良深地说："没有一个人是无所不能的，如果当初没有我的及时改变想法和退出公司，也许福特公司就不会有这么大的发展。不管一个人的地位有多高，也不管他有什么样的成就，都会不可避免地犯这样那样的错误，没有谁是无所不能的。"

的确，一个人的能力是有限的，认识并接受了这样一个事实，我们便懂得凡事不要苛求自己。如果非要把自己拔到那些完不成的极限和遥不可及的梦想的高度，又怎能不心受折磨呢？所以，尊重客观规律，辩证把握强弱，抱着一种顺其自然的心态去追求、去努力，也就足够了。毕竟，你不是超人。

在福特公司创立之初，公司的很多技术都是福特本人开发出来的，他也因此以技术而闻名。福特也认为自己无论是在企业管理，还是研发技术方面，都是无所不能的，似乎没有哪一部分能离得开他。

然而，在福特技术内部研究所里，整个公司技术人员都在为用"水冷"还是"气冷"冷却发动机而发生了激烈的争论。大部分技术员都支持采用"水冷"来冷却发动机，但是福特却认为"气冷"是最好的，因此整个福特公司生产出来的汽车都是"气冷"式轿车。

没过多久，在一次美国举行的一级方程式冠军赛上，一位车手驾驶福特汽车公司的"气冷"式赛车参赛。一开始，福特汽车遥遥领先；但在第三圈的时候，由于速度过快导致车身失控，赛车撞上了旁边的防护栏后油箱爆炸，车手被烧成重伤。

此事引起了"气冷"式轿车的销量剧减。技术人员要求研究"水冷"式轿车，可此时的福特还是坚持研究"气冷"式轿车，以至于公司的几名技术人员准备辞职。

"您是觉得您个人身兼数职重要，还是整个公司重要？"福特公司的副总经理感到事态严重，果断地找到福特。

面对这样严肃而直接的质问，福特惊讶地回答道："当然是整个公司重要了。"

"那就同意让他们去研究'水冷'引擎。"副总经理的毫不留情让福特猛然醒悟过来，明白了事态的严重性，也明白了自己一直以来大包大揽的角色错位。

于是，福特亲自召见了所有的研究人员，宣布公司以后技术研究的主要方向由他们决定，自己只是管理。紧接着，福特把当时想辞职的几名技术人员全部委以重任，自己也不再插手技术方面的问题，而转向了管理。

后来，公司的技术人员开发出适应市场的"水冷"式发动机，再加上福特先进的管理技术，福特汽车顿时销量大增。而这些技术人员的努力使福特汽车顿时成了汽车行业的品牌汽车。

就像福特事后感慨的那样，没有谁是无所不能的。只有正确地认识自己，才能有明确的发展方向，一个人如是，一个公司也不例外。虽然有些时候人们总是不放心身边的人，想要自己亲手解决那些棘手的事，但若是不控制自己这种"强迫症"，只能让自己越来越累，而且事情的结果也会差强人意。让自己背负"超人"的角色越多，对苦闷的体验也就越敏感。

没有人是三头六臂无所不能的，即使再优秀的人，如果不把事情分担给别人，也会被所有的苦累压死。与其如此，还不如承认自己是一个凡人，按照凡人的步调稳步前进，该休息的时候休息，该承认自己能力极限的时候承认，才能真正从过度紧张的生活中解脱出来，过上松弛有度的生活，拥有简单而安然的幸福。所以，试着控制自己的自傲和自负，相信别人吧，这样你才能从劳累中解脱出来，将更多的精力投入到自己真正应该做的事上去。

一位企业家，事业有成，只是身体已濒临崩溃的边缘。于是，他来找一位有名的老中医，希望能给自己开些调理的药。

老中医在询问完他日常的工作生活情况后，只劝他多多休息。没想到却引来了企业家激动地抗议："那哪行！我每天承担着巨大的工作量，没有一个人可以为我分担啊！"

"为什么呢？难道没有人可以帮你处理文件吗？"

"不行呀！这些文件都是相当紧急而且重要的，只有我自己一份一份亲自批示，才能尽快地采取正确的决策。"企业家不耐烦地说。

"如果是这样，那么你的处方我已经给你开好了。"老中医不容置疑地说。

企业家欣喜地拿过处方一看，只见上面只写了两行字：每天散步两个小时；每周保证有至少半天的时间去一趟墓地。

对此，病人怎样也无法理解，甚至对老中医的不负责任有些生气。他又返回诊室，质问那位医生。

"之所以让你去墓地，是因为，"老中医不紧不慢地解释，"我是希望你四处走一走，看望一下那些与世长辞的人。他们生前也曾跟你一样，认为全世界的事情都得打包扛在肩上，如今他们却全都长眠于黄土之中。你要知道，有一天你也会加入他们的行列，但是地球不会因为你的消失而停止转动，而其他人则像你现在一样继续工作。所以，我建议你站在墓地前好好想一想这些摆在眼前的事实。"

　　至此，这位企业家恍然大悟。他依照医生的指示，放缓生活的步调，并且转移一部分职责。从此获得了心灵上的平和与安宁，生活渐趋平缓，事业仍然保持蒸蒸日上。

　　有很多人都会或多或少地存在着这样一种心态：对自身缺乏全面而客观的认识，过分标榜某种能力，随意夸大自身能量，凡事大包大揽。但事实上，这只是自负心理在作祟，也可以称得上是一种虚荣心，因为想让自己看起来不凡，所以给自己加上了"超人"的包袱。可追求"事事通"的结果，往往只能是"事事空"。因为，在设定了纷繁复杂的行动目标的同时，也就忘记了自己最初上路的目标。

　　追求梦想本是一件极有魅力的事情，但请记住，你只是一个和芸芸众生一样再普通不过的人，凡事不可苛求。与人无争，与己有求，但并无奢望。如此，便可放下许多的事情，让每天的生活闲不住，也累不着。剔除冗繁后，沉淀下来的往往是最简单却又最本初而真挚的东西。人生所要，不过是清清淡淡一碗饭，真真切切一路情。在此过程中，怀着心无旁骛的淡定，很多事情便自然水到渠成。

第五辑
从检讨看内心，会看见成长

内心的渴望如果不能得到正确的引导，会为我们带来数不尽的麻烦与失败；而成长恰恰需要我们克服不当的欲望，填补缺失，完善自我，所以，懂得检讨的人才能更快地进步。

检讨不仅仅是对某种行为的纠正，最重要的是寻找根源，不断改良自己的思想。心灵就像一片田野，只有及时拔除毒草，栽种新苗，才能有春华秋实，四时美景。

◎ 写给自己的检讨书 ◎

花瓶里的花，如果不时常换水，再美丽的花也很快就会凋谢；只有时常换上清水，才可以保持花的新鲜。这与我们身心清静的道理是相同的，我们要用什么方法，来让自己的身心得到清静呢？

答案是自我反省。

孟子曰："吾日三省吾身。"

自省，是在自我反思、自我认知的基础上达到醒悟，是修身养性的第一步，是保持一颗端正的心的必要条件。

现代社会的高速生活中，压力太多，诱惑太多，欲望太多，想保持一颗清洁如水、平衡如秤的心越来越难。我们在压力下变得暴躁易怒，在诱惑中步入歧途，在欲望中开始唯利是图……可怕的是我们越来越习惯于沉溺其中，最后不得自拔，迷失自我，成为消极情绪的奴隶。而能对抗这些转变的，就是自省，以自省的力量将自己从人生的弯路上带回。

自我反省是一次检阅自己的机会，是一次重新认识自己的机会，更是一次提升自己的机会。学会自省，是一种倾听自己、善待自己、回归自己的美好方式，犹如在大漠中听到驼铃，在大海中看见灯塔。

不过，自省的过程犹如用锋利的手术刀解剖自己，毫无疑问是痛苦的。但唯有这样，自己的症结和缺陷才能明白显露，心灵上的污点才能得以驱除。当内心变得纯净的时候，我们的心灵会更有力量，会自然而然地生发爱心，不仅爱自己，还会爱大家，爱将变得广博。

有一句话说："看清别人容易，看清自己困难。"还有一句话是："能够反躬自省的人，就一定不是庸俗的人。"这些话都是在告诉我们，自我反省是一个人走向成熟与成功的必经之路。

自省，在很大程度上影响着一个人的前途和命运。

夏朝时期的大禹有个儿子叫伯启。一次，背叛的诸侯有扈氏率兵入侵夏朝，夏禹就派伯启作为统帅发兵抵抗。经过几轮残酷的战斗之后，伯启不幸战败了。他的部下非常不服气，一致要求负罪再战。

这时候，伯启说："不用再战了吧。我的地盘不比他们小，兵马也不比他们差，结果我竟然被打败了，这是怎么一回事呢？我想，这错一定出在我身上，或许是我的品德不如敌方将领，或许是教导军队的方法有错误。从今天起，我得努力找出自身的问题所在，加以改正后再出兵不迟。"

从此以后，伯启不再讲究个人的衣食，而是立志奋发，勤政爱民，尊重并任用有贤能的人才。他的城池和军队更是一天天强大起来。不过几年，有扈氏得知这个情况，非但不敢再来侵犯，还甘心地投降了伯启。

可见，一个善于自我反省、审视自我的人，他的内心力量是非常强大的。

懂得自省的人，无论他人褒贬，始终能自信而谦虚地走在正确的道路上。无论外界是风雨的侵袭还是美景的诱惑，都可以保持满心的正气，不轻易为外界所动。而不懂自省的人，则只会看别人的笑话，给别人下评语、贴标签，自己的错误也归在别人身上，一点来自外力的变化都可以让他们在人生的道路上偏离方向。

其实，所谓"省"就是"小看自己"，不要把自己想得如何高尚，从最小的事情上检讨自己，审视自己，才是自省的境界。

古人云："君子之过也，如日月之食焉。过也，人皆见之；更也，人皆仰之。"这就是说，日食过后，太阳更加灿烂辉煌；月食复明，月亮更加皎洁明媚。君子的过错就像日食和月食，人人都看得见，但是改过之后，会得到人们更崇高的尊敬。而自省，就是为了像别人一样看到自身的不足，清楚地认知自己，如此，才能常葆一颗端正的心，一份端正的人生态度。

◎ 自卑，弱者的本能 ◎

英裔美国作家托马斯·潘恩曾经说过："自卑是美好生活的天敌，它会使一个美丽的人变得无比憔悴，它会使本该幸福的人变得焦躁不安。我们只有消除自卑，战胜自我，才能让自己的生活更美好。"

如其所说，自卑确实是幸福生活中的"克星"。

我们不否认，在生命旅途中，总会遇到挫折和不幸，很多时候我们会因此而感到失望和悲观，感到自卑和彷徨。自省固然重要，但自省不等于贬低自己。在困境面前，客观地审视自己才是一个强者的行为，若是一味挑自己的错误，那么就会越来越看不起自己，被自卑控制。强者应该控制自己的内心，让自己站在一个客观的角度审视自己，遇到问题分析问题，而不是贬低自己，唯有发现问题后振作精神，保持一股奋发向上的劲头，在困境中才能找到转机。

新研是个 25 岁的漂亮姑娘，在一家民营企业从事财务会计工作。但由于家境贫寒，新研从小就很自卑，不太合群，朋友也非常少。

自从毕业到现在已经 3 年了，新研一直处于不断找工作、换工作的状态。造成这种现象的主要原因就是新研的人际关系问题。因为新研的不合群，公司领导都认为新研没有团队精神，工作不积极，所以一般试用期一结束，公司就把她炒鱿鱼了。

这样恶性循环，新研的自信与自尊差不多已经被消磨得所剩无几，自卑感越来越强烈。公司的同事也觉得跟新研在一起很压抑、很沉闷，都不怎么愿意和新研说话、交往。

就这样，新研逐渐变得越来越麻木，对什么都提不起兴趣，就知道整天对着个电脑，让自己沉浸在虚拟世界里。年纪轻轻的却一点朝气和活力都没有，成天脸上没什么表情，反应也变得越来越慢，记忆力下降。

对此，新研感到很痛苦，觉得自己很失败，一点前途都没有，甚至还动过自杀的念头。

显然，新研已经被消极情绪控制了，她不再想要改变，而是选择了沉沦。其实，现实中像新研这样因为家境身世而自卑的人估计不在少数，然而有的人可以走出自卑的阴影，乐观积极地去面对生活，而有些人如新研一样，关闭自己的内心，不愿与别人交往，只能是越来越自卑，生活黯然失色。

就如"世界上没有两片完全相同的叶子"一样，世界上也没有两个完全相同的人。每个人都会有自己的长处和短处，如果总是耿耿于怀于自己的缺点，而看不到自己的长处，那势必会产生自卑心理，让自己一直生活在自卑的阴影中，得不到快乐和幸福。

爱迪生曾经尝试用 1200 种不同的材料做灯丝，都没有成功。有人批评他："你已经失败了 1200 次了。"可是爱迪生不这么认为，他充满自信地说："我的成功就在于发现了 1200 种材料不适合做灯丝。"

如果遇事都能采取积极的思维方式，哪里还会有烦恼，哪里还会有自卑感？人的自卑感的存在和产生，并不是由于自己在能力或知识上不如别人，而是由于自己不如别人的心态和感觉。

伟大的哲学家知道自己将不久于人世了，他想在临终前了却自己的一个夙愿——找一位优秀的闭门弟子。这个任务交给他多年的得力助手来办，时间是半年以内。

哲学家想考验和点化他这位平素看来很不错的助手。他把助手叫来说："我的蜡所剩不多，得找另一根点下去，你明白我的意思吗?"

他的弟子答道："明白。您的思想光辉要很好地传承下去……"

"可是我需要一位最优秀的弟子，他要有相当的智慧，还要有充分的信心和非凡的勇气……可是这样的人我到目前还未找到，你帮我挖掘一位好吗?"

"好的，好的。"他的助手非常尊重地说。

从此以后，这位助手不辞辛劳地通过各种途径寻找哲学家心目中的人选，可是领来的很多个他认为可以满足哲学家意愿的人都被他谢绝了。时间一天天过去，这位助手无数次无功而返，哲学家也病入膏肓，他硬撑着坐起来，扶着助手的肩膀说："辛苦你了，不过，你找来的那些人其实还不如你。"

这位助手不以为然，满含愧疚地说："我一定加倍努力，即使找到天涯海角，找遍五湖四海，也要把那位最优秀的挖掘出来"

此时，哲学家不再言语，只是苦笑，眼看自己就要告别人世了，最优秀的人选还是没有找到。他的助手泪流满面，羞愧地说："我真对不起您，令您失望了"。

"失望的是我，对不起的却是你自己。"哲学家说完，失意地闭上眼睛，良久，又不无哀怨地说，"本来最优秀的就是你自己，可是你不敢相信自己，把自己忽略，耽误，丢失了……其实每个人都是最优秀的，关键是如何发掘

116

自己，认识自己，重用自己……”

哲学家永久地闭上了双眼。看着他失落的临终前的眼神，想着他带着遗憾的话语，这位助手非常后悔，甚至自责地过完整个后半生。

这个故事告诉我们，其实每个人都是最优秀的，关键是如何认识自己。不得不承认，在我们谋求发展的道路上，不免会遭到冷落，不被赏识。这时候，我们不妨换个位置，去另一个环境中寻找机会。要相信自己有价值，要相信这个世界上总会有一个适合自己的位置。

其实，在这个世界上，我们每一个人都是独一无二的，都有自己的独特优势，也都有不足，要相信自己是最棒的，坚持在自己规划的人生道路上走下去，充分发挥自己的潜力和优势，实现自己的人生价值。

正如伟大科学家居里夫人曾经说过的："生活对于任何一个人都非易事，必须要有坚韧不拔的精神，最要紧的，还是自己要有信心。我们必须相信，我们对一件事情具有天赋，并且无论付出怎样代价，都要把这件事情完成。当事情结束的时候，你要能够问心无愧地说：'我已经尽我所能了。'一个人只要有自信，那么他就能成为他所希望成为的人。"

◎ 前路有障碍，就要学会迂回变通 ◎

人生道路上，每个人都希望一路绿灯，没有任何曲折。但天不遂人愿，脚下的道路偏偏有各种阻碍，让人大费周章，还会遇到一连串的红灯，心中的焦虑难以言表。我们没有办法扭转命运的安排，但我们可以找一条新的出路，让前路畅通。

其实，大部分时候我们缺乏的不是运气，而是自我检讨。若是你能静下心来思考，或许就能换一条路，找到新的坦途。

星期一早晨，张小姐急匆匆地起了床，气急败坏地盯着床上的闹钟，这个闹钟不知出了什么问题，一大早竟然罢工，害她起晚了一个小时。急急忙忙地刷牙洗漱，她飞一样冲出房间，赶公车肯定迟到，她招手拦了一辆出租车：打车不过几十元，全勤奖没了损失几百元。

一上车，她就连声催促："去××路××公司，越快越好！"司机似乎见惯了这种慌慌张张的白领，说了一声"好"，踩下了油门。

"等一下！路不对吧！"张小姐突然说。去她公司最近的路是走前边的公路，司机显然是在绕远，她不由心生不满。

"从这里到你们公司，最短的距离是走刚才那条路，但是，今天是周一，现在又是上班高峰，那条路肯定在塞车；而走现在这条路，虽然看上去绕了一个大圈，却能更快把你送到公司。"司机说。

司机说得有理有据，张小姐信服地点点头，20分钟后，张小姐顺利到达公司，她听说，那条路早上堵了一个钟头，不由得暗自庆幸。

俗话说，条条大路通罗马。有些人却喜欢一条路走到黑，根本不管实际情况如何。的确，这条路看着不错，似乎几步就能达到目标，可是你应该想想，如果那么容易就能达到目标，岂不是人人都是成功者？特别是堵车的时候，如果你还坚持这是最好的路，你就是傻瓜。

焦虑常常来自于内心的固执，因为认定一定要用A方法经过A过程达到A目标，偏偏A方法不适合自己，A过程处处有陷阱，A目标遥遥无期，怎能不苦恼？这个时候，你需要想想B方法、C方法，尝试D过程、E过程，只要最后能够达到A目标，你何必拘泥于最初的决定？懂得变通的人，可以更快捷地达到目标，省掉不必要的麻烦。

检讨一下自己，是否被固执控制住了？若是如此，那就静下心来看看其他的出路吧，找到了正确的路，就算在别人眼中不是最好的，你也可能比自己预想的更快到达终点！

那一年，唐女士所在的工厂效益不好，被迫关闭，她和她的同事们一夜之间都下了岗，唐女士没有文凭，没有能力，突然失去经济支柱，让她非常沮丧。现实不容她消沉，她很快开始寻找出路。她从前的同事们都做起了小买卖，她觉得这种买卖未必有市场。

经过一番观察，唐女士向亲戚借了钱，报名参加了编织班，并买来机器，开始编毛衣。她的毛衣花样多，颜色好，销量很大，她很快就雇了几个工人，成了小老板，并用赚来的钱送他们去学习技术，购买更好的设备，一时间，她成了编织毛衣的大户。

几年后，更多的人看到唐女士赚了钱，也来抢这块市场，越来越多的小编织厂成立了，毛衣的销路越来越不好。工人们愁眉苦脸，唐女士却让他们少安毋躁，花两个月的时间在全国各地调查市场，回来后，她宣布关闭编织厂。工人们极力反对，说现在编织生意虽然不好，但他们厂子已经有了牌子，这个时候怎么可以撤退呢？

尽管工人们满心不满，唐女士还是果断地停止编织生意，重新让工人们外出学习，这次，他们学习的是一项听也没听过的项目，叫"液体壁纸"。这种美观大方又健康的壁纸刚刚在国内兴起，唐女士就在市里开了一家装修公司，专门经营这个项目。一年后，顾客爆满，成功地站稳脚跟，而过去的编织厂早已被更大的公司冲击，纷纷倒闭，工人们都对唐女士的眼光钦佩不已。

以不变未必能应万变，特别是目标不恰当的时候，"不变"就会让你成为用不到的木板，遭到现实的废置。像故事中的唐女士那样，随时审视当时的情况，做出调整和转变，才能保证自己永远跟得上形势，永远走在时代前面。

退而求其次，不是畏惧困难，而是积极地想一个两全其美的办法，既接受既定的现实，又有所创造。或者说，这是真正的挑战，挑战的是自己心中固守的意见，改变自己，超越自己。

生命的道路难免会遇到交通堵塞，这个时候千万不要焦急烦躁，静下心来，检讨一下自己的固执，说不定你就能发现一条别人不曾发现的捷径。不要在意别人的看法，只是相信自己的前途，迂回变通，你就能找到最佳的路途。

◎ 逃避问题无异于逃避自己 ◎

人的一生，不会永远顺风顺水，总会出现一些这样或那样的问题：怀才不遇、失恋、被老板责备、被朋友出卖……当面临这些问题时，你会怎么做呢？有些人选择了逃避，以为自己躲过去了，就什么事都解决了。

小时候，父母到了中午还没有回家，没饭吃的你可能就是那样等着，的确，等一会儿父母就回来了，可是现在你还能等着谁来给你"做饭"呢？

因此，不要消极地逃避问题，不要排斥你的对手，不要反感你所处的环境，无论你躲到哪里去，一切都不会改变，你逃避的只有自己而已。只有积极地参与竞争，善待和感谢对手，努力适应环境，一切才会改变，你才能变得强大。

我们不能因为怕晒就不出屋子，不能因为怕马路上车多就不走路，不能因为害怕工作出错就不去工作。没有挑战的日子是无聊的，没有竞争的工作是没有发展的，没有对手的人生也是无趣的。当危难来临的时候，真正的强者是学会对抗，而不是躲避。

蒂凡妮是家中的独女，从小就像温室中的花朵一样，受到父母百般疼爱，因而蒂凡妮性格十分脆弱，一遇到为难的事就唉声叹气。对于蒂凡妮的这种性格，父母们十分忧愁，就连教她的家教老师也很是头疼。

一天，家教老师给蒂凡妮上完课，突然想到蒂凡妮那极弱的抗压能力，于是就把她叫到了厨房，打算给她加一堂免费的"生存课"。

老师把同样多的水装入三个相同大小的锅里，然后分别在三个锅子中放入一根胡萝卜、一个生鸡蛋和一把咖啡豆，最后把三个锅的温度和火力定到一样的刻度上。都弄好后，老师对蒂凡妮说："下面，我们一起来看看会有什么神奇的事情发生。"

蒂凡妮好奇地看着那三个锅子，并按老师的要求细细观察着。20分钟后，老师将煮好的胡萝卜和鸡蛋捞起来，放到了盘子里，然后将咖啡倒进了杯子。一切都做完了，老师微笑地问蒂凡妮："下面告诉我你看到了什么？"

蒂凡妮心中暗暗发笑，说道："我能看到什么呀，不就是胡萝卜、鸡蛋和咖啡呗！"

"嗯，很好，下面你用手、嘴巴来感受一下吧！"老师把盘子和杯子递给蒂凡妮。

蒂凡妮心想：这能感受到什么？还不就是胡萝卜、鸡蛋和咖啡吗？我天天在吃这些东西。虽然她心中有些牢骚，但还是按照老师的要求做了。她捏了捏，又尝了尝，然后一脸疑惑地看着老师。

这时，老师让蒂凡妮坐下来，十分严肃地说："你感受到了什么？本来硬硬的萝卜，现在软绵绵的像泥一样；本来一碰就碎的鸡蛋，现在却变硬了；本来坚硬无比的咖啡豆，现在已经变软了，而且它的香气和味道都溶到了水中。蒂凡妮回忆一下，当时我把这三样东西放进同样大的锅里，加进一样多的水，用同样的火力加热，然后同样的时间停止，可是它们却有了不同的反应，对吗？"

蒂凡妮听完老师的话，点点头又摇摇头，她的确感受到了变化，可是这些变化能说明什么呢？

老师明白了蒂凡妮的意思，拍拍她的头说：“我们的生活就像是这锅子加上水再放到火上一样，天天在受着煎熬。但是，不同的人在这相同的环境中有着不同的感受。你是要像胡萝卜那样变得软弱无力，还是如鸡蛋一样变硬变强，或者像咖啡豆那样，身体受损却不断向四周散发出香气呢？孩子，你的人生在你的手中，你如果总在温室中生长的话，那么你将难以承受周围的一切，生活的强者一般会直面磨难，并让自己和周围的一切变得更加美好。”

蒂凡妮听完老师的话，陷入了深思中。

老师给蒂凡妮演示了一场人生课，通过这堂课，温室中的蒂凡妮一定会有所成长，面对生活的煎熬，我们像胡萝卜一样变软，会使生活更加辛苦；像鸡蛋一样变硬，会失去人生的变通；只有像咖啡一样，直面问题，接受考验，香气才会融入人生各处。

法国文学家巴尔扎克说：“苦难是天才的垫脚石，对于强者来说是一笔人生财富，而对于弱者，它就是万丈深渊。”人生并不平坦，既然生活不会永远风和日丽，那么我们就要学会迎战风雨。“铁经淬炼才可成钢，凤凰浴火才能重生”，与其在逃避中昏昏沉沉地度过一生，不如在有限的时间内创造无限的价值。

美国棒球界的明星阿利克赛·罗德里格斯很小的时候就喜欢棒球，但是，在最初接触棒球时，他根本就是一个一点儿天赋都没有的孩子。

一天，他头戴球帽，手拿球棒和棒球，全副武装地来到自家后院。已经练习了很多天仍没有打到球的他一点儿也没有气馁的模样，他自言自语地说：“我是世界上最伟大的打击手！”说完，他把球往空中一扔，用力挥棒，但却仍旧没有打中。

小罗德里格斯整了整帽子，再次把球往空中一扔，大喊一声："我是最厉害的打击手。"他狠狠地挥动球棒，但是，球像故意在气他一样，连球棒边也没挨着就溜走了。

"怎么了，这是?"小罗德里格斯伤心地说，他呆呆地站在原地，"难道我真的不适合打棒球吗?"

时间"嘀嘀嗒嗒"地流逝着，很长一段时间后，小罗德里格斯蹲下，他仔细检查了他的球棒和球，然后又认真整了整衣服，他站起身决心再试一次，他一边扔起球一边大声喊道："我是无人能比的最佳打击手!"

但是，命运好像在捉弄这个小男孩一样，球棒又一次落空了。突然，小罗德里格斯似乎明白了什么一样，他突然跳起来喊道："原来我是一流的投手呀!"从此，他认真练习着投球，终于有一天他成了最棒的棒球投手。

小罗德里格斯最初把自己定位为"打击手"并为之坚持着，但是，随着一次次的失败，他突然发现，原来相比"打击手"，"投手"更加适合于自己。虽然他的坚持没有换得最初梦想的成功，但如果他遇到挫折之初就放弃的话，更不会发现自己成功的方向。世界上没有人可以预知未来，你的人生轨迹不会完全按照你的设想进行下去，因此，遇到挫折不要逃避，勇敢去面对，只有挺过去了，才能让自己走向最终的成功。

挫折是人生路上的必备补给，逃避问题，就是对自己的不负责，就是在逃避自己。反省一下，检讨一下，看看自己是否曾经犯过这样的错误，如果是这样，那么就正视自己的错误吧，正视这些是对自己的尊重，也是对未来的尊重。

◎ 忌妒，窒息灵魂的毒蛇 ◎

在这个大千世界里，人们习惯于比较，有些人因为比较，找到了自己的不足，加以改正，成就了一番事业；也有的人通过比较，产生了自卑心理，就此沉沦；还有人因为比较发现了别人优于自己，于是产生了一种可怕的情绪，那就是忌妒。

法国文学大师巴尔扎克说："忌妒者比任何不幸的人更为痛苦，别人的幸福和他自己的不幸，都将使他痛苦万分。"这话没错，忌妒一旦产生，便会在心里无限制地扩张起来，把人的心境逼入牢笼，逼入窄巷，逼入死胡同。即使平日是气量宽广之人，一旦怀有忌妒，便也成为小肚鸡肠之人——总怀疑对方每个举动都在炫耀，总觉得对方每个举动都在奚落自己。于是，一方面拼命抹黑攻击对方，一方面自己心里又妒火中烧，气愤难平。结果便是既使得人际关系失和，又让自己心中不快。

然而，很多人都无法控制自己，被忌妒反噬，最终做出害人害己的傻事。

鹰王是飞禽中的佼佼者，它的飞行速度几乎无人能敌，于是难免招来他人的忌妒。一只飞得慢的老鹰就十分看不惯鹰王，总想伺机报复。一次，飞得慢的老鹰对猎人说："我能帮你射死前面那只飞得最快的老鹰！"

猎人说："你要怎么帮？我的箭恐怕追不上它。"

125

老鹰说："没关系，你从我身上拔下一根羽毛，绑到你的箭尾上。"

于是猎人照做了，但还是没能射中。

猎人对老鹰说："也许还需要再拔一根，这次一定能射中。"老鹰有些犹豫，但一想到能将那只高傲的鹰王射下，它就同意了。

但这次，猎人又未射中。就这样，猎人再次要求拔它的羽毛，如此反复，到了最后，那只飞得慢的老鹰的羽毛所剩无几。这时，猎人终于射中了那只鹰王，飞得慢的老鹰高兴地连忙扇动翅膀打算飞离，可怎么也飞不起来了。结果，它自己也成了猎人的猎物。

这个世界一切问题的最佳解决方式就是双赢，然而这只老鹰却因为忌妒之心做出了害人害己的事情。显然，忌妒已经让它失去了理智，只想着毁掉对方，却忘了自己和它原本处于同一个战线。

忌妒就是这样可怕的一种情绪，然而人们往往放任它，不去加以控制，所以才有了那么多的悲剧发生。其实，忌妒的本质是羡慕，如果我们能够换一个角度去看，选择欣赏的眼光，那么你的内心就能脱离这种情绪的囚笼，也能更好地审视自己。

忌妒是心灵的地狱，是笼罩在人生道路上的乌云，它总是以恨人开始，以害己告终。

她是一名女性心灵导师，谈吐举止都带着一股优雅的气息，那种与世无争、安然自若的样子，着实令每一个见到她的人动容。

一次活动中，她曾问在场的女性："如果你身边的女友模样漂亮、身材好、事业成功、爱情美满，你会是什么感受?"多数女人都说："我当然会为她高兴了，我也能够沾沾光嘛……"她听着这些答案，她没多说什么，只是讲述了一件她在大学时代经历的一件事。

"临近毕业的时候，寝室里的某女生找了一个经济条件很好的男友。那段日子，她简直就把寝室当成了舞台，在我们面前表演时装秀，每天换着不同的名牌服装、鞋子、包包，好像真把自己当成了公主。校庆晚会的前夕，她的男友送了她一件非常华美的晚礼服，晚会前的那个中午，我一个人在宿舍里，不知道哪里来了一股邪火，看着她挂在床头的晚礼服，越看越生气，最后我竟然拿起口红，在衣服上面玩起了涂鸦。原本，我以为寝室里的姐妹们会骂我疯了，指责我，可当那个女孩拿着衣服哭着跑出去时，其余的人你看看我，我看看你，竟然都大笑了出来。"

这位美丽的女人也曾做出过如此有伤气质的事情来，看上去她似乎没有因为忌妒的行为伤害到自己，但事后再看自己，她明白已经将最丑陋的一面展现在人前了。站在旁观者的角度看待，如果一个优雅的女人做出这样粗俗的事情来，那么之前建立好的所有形象都可能被推翻。忌妒之心每个人都有，这并不是最关键的问题，关键在于你是否能够控制它，而不是被它控制。

在忌妒面前，每个人都会产生一种失落感，而且这种感觉就像虫子一样在内心蠕动不安。但有些人易于表露，有些人善于掩盖；有些人会把忌妒化为动力，有些人则任凭忌妒变成毒刺。就像希腊神话中的雅典娜，看见阿拉克涅的刺绣品那么细致生动，自愧不如，便妒性大发，不仅撕碎了绣品，还把阿拉克涅变成蜘蛛。

忌妒是正常的心理状态，一点也不可怕，可怕的是人们不能正视它。如果能够把忌妒化为一股动力，让消极的情绪变得积极，你一样可以拥有精彩的人生，这一切都取决于你自己。一位作家曾说："如果没有对同学的忌妒，我也许永远都是一个名不见经传的三流编辑，可是当我看见自己大学时的一个同学在电视上又是做访问，又是签名售书的时候，我突然忌妒得无法控制，最后我决定化忌妒为力量，因为我坚信，她能做到的，我也一定能做到。"

世上比自己优秀的人有很多，与其忌妒对方，不如以博大的胸怀真心地欣赏，去向那些成功者学习。这样，你会在克服自己狭隘自私心理的同时，以积极的心态激励自己追赶上去。

阿瑟是美国一个普普通通的农家少年。一天，他偶然在杂志上读了一个大实业家的故事，在那之后，他没有一天不在想着那个实业家，很想知道一些更为详细的信息，并希望从实业家身上得到一些忠告。

这种想法一天比一天强烈，终于有一天，他跑到了那位实业家的事务所。阿瑟只向里面望了一眼，就认出了那位实业家。实业家看到一个小孩在事务所门口东张西望，便问他有什么事。

阿瑟鼓起勇气大声问道："我想知道，究竟怎样才能赚到百万美元。"实业家的表情立刻缓和了下来，然后邀请阿瑟进来，还与他促膝长谈，告诉他应该去访问哪些实业界的名人。

阿瑟照做了，遍访了当时一流的商人、著名编辑和银行家等。

后来，阿瑟终于认识到，这些名人并没有在赚钱方面给予他很好的帮助，但能够认识这些成功者，就是他现在最宝贵的收获。他羡慕甚至有点忌妒这些成功者，但忌妒的情绪刚刚冒头，他就及时制止了这样的想法。他为能成为他们的朋友和得到他们的指点而高兴。他觉得自己有了方向，"效仿他们，就一定能成功。"阿瑟暗暗告诉自己。

几年过去了，阿瑟从一个学徒变为那家工厂的所有者，24岁时，他成了一家农业机械厂的总经理。后来，不到5年的时间，他就如愿以偿地拥有了百万美元的财富。而至于他以后的发展，大家可想而知了。

这个年轻人就是活跃于美国实业界67年的阿瑟·华凯。

当阿瑟认识了这些成功者时，他可以选择在忌妒中诅咒怨恨，但幸好他不是气量狭小的人。他用向往和学习代替了忌妒，向这些成功者迈进，成就了自己的事业。

古希腊的大哲学家亚里士多德曾经讲过一句名言："人是天生的城邦动物。"不错，人是群居动物，每个人都需要同其他人交往，没有哪一个人可以独自活此一生。而在与人交往的过程中，总会遇到比我们更强、更优秀的人，只有拥有宽广的气量，克服忌妒情绪，才能从这样的交往中获得正面的、向上的力量。

把忌妒变成动力，无疑是克服忌妒心理的一剂良方。当自己忙碌起来，心灵充实起来，便无暇去忌妒别人。人可以忌妒，但不能被忌妒所控制，不能让它吞噬我们的内心，改变我们的灵魂。而是应该将忌妒化成一种追逐的动力，激发出前进的热情和信心，这样你才能列入成功人士的行列，成为人生真正的赢家。

◎ 不被欲望侵蚀，才能走得更远 ◎

阻止一个人前行的，往往不是前路有多艰难，而是内心已经被欲望牵绊。生活中，经常听到有人扼腕叹息，如果当初如何如何的话，现在就会怎么怎么不一样了。但说实话，这样的追悔，除了给他人增添谈资以外，还有什么作用呢？对于一个对成功怀有渴望的人而言，最后的选择权永远在自己身上。沉溺于惋惜过去的人，往往是因为自己有无法释怀的欲望。

有一位登山者，他一生都希望在有生之年攀登上珠穆朗玛峰。于是，他从小就非常勤奋地练习登山。从周围的小山逐渐攀登上了附近的高山，又逐渐攀登上了其他的山峰。在这个过程中，随着他名声的远播，他的周围被鲜花簇拥。

从未有过这般待遇的登山者一下子没有了方向。他突然觉得自己喜欢上了现在的生活：衣食无忧、生活在众人的关注之下。

过了几年，人们对登山家的热情早已"消费"一空，他也没有了供人谈论的价值，于是，他很自然地就被冷落到了一边。而此时的登山者只能望着高耸入云的珠峰哀叹，因为他已经过了攀登珠峰的黄金年龄。此外，多年没有系统训练后的身体早已经不适合登山，这也就意味着他一生的梦想只能化作叹息。

这件事不能简单地评判谁对谁错，难道是那些记者毁了登山家的一生？貌似是这样的，但是这真的就是最终答案吗？年少成名的登山者有很多，最终成功登上珠峰的也大有人在，难道说他们没有受到环境的影响？

当你把自身失败的原因归结到别人身上时，那只是不敢正视自己欲望的一种托词横亘在我们面前的一般都有两条路，一条狭窄悠长，一条鸟语花香。在岔路口，每个人的选择都无可厚非，但最终能够成功的往往是选择走狭窄悠长道路的人。

狭窄悠长的道路，因为没有鸟鸣、花香的打扰，所以往往走得专一。古人教导我们"无欲则刚"，诚然放弃心中所有的欲望有些难，但一个人至少要学会驾驭自己的欲望，不被欲望侵蚀，这样才不会沦为欲望的奴隶，被欲望绊住前行的步伐，这样才能够看清自己真正的目标，坚定前行。

在土地上种上了花，野草就不会疯长。在心底有了坚信的目标，脚步就不会被欲望阻挡。人们羡慕那些最后站上领奖台的人，却并不知道他们为了能够到达那一刻付出了多大的代价。在行走的过程中，坚定的目标就是最好的导航灯，拒绝不必要的欲望也就完成了自我的升华。

作家李准在其报告文学《两个青年人的故事》中有这样一段描述：

杨乐和张广厚是同在北大数学系的两名高才生，他们没有过星期天，没有过节假日，每天坚持学习演算12小时。"香山的红叶红了"，"就让它红吧，我们要演算题"；"中山公园的菊花展览漂亮极了"，"就让它漂亮吧，我们要学习"；"十三陵发现了地下宫殿"，"真不错，可是得占半天时间，割爱吧"；"给你一张国际足球比赛的入场券"，"真是机会难得，怎么办？

牺牲了吧，还是看我们案头上的数学竞赛题吧"！最终，杨乐和张广厚在数学领域中创造出了重大成果。

不可否认，杨乐和张广厚在数学天赋上或许高于其他人，但是他们之所以能在数学领域创造出重大成果、之所以能出类拔萃的重要原因，是他们克制欲望、专心前行的学习态度。英国著名作家萧伯纳曾说过："自我控制是强者的本能。"生活的强者一般都会自我控制欲望，抵制那些与目标无关的诱惑。

从相同的起点出发，最后能达到目的地的，终究是少数。而这些少数往往就是能够发现新大陆的人，他们有可能是改变世界的人。

人们常说欲壑难填，人类的大脑或许是最不知道满足的器官，可正是这不止的欲望让人类社会一次次获得质的飞跃。如果被一时的欲望所牵绊，或许我们将永远达不到像今天这般自由。

没有人会嘲笑一个心无旁骛朝着目标走下去的人，相反，人们会对那些为了一时的欲望而走岔路的人感到惋惜。

学着放下心中的欲望吧，排除外物的各种诱惑，不挖空心思依附权势，不贪图名利富贵，让内心处于十分平静的状态。相信，我们能在障眼的迷雾中辨明方向，朝着正确的方向勇往直前，我们将如同苍松翠柏，不怕乌云翻卷，不怕雨暴风狂，挺立世间，永不摧折，慢慢走向成功！

◎ 炫耀什么，就是缺少什么 ◎

幸福有不一样的面孔，有时像花，散发着淡淡的芬芳；有时像咖啡，有着浓郁的味道；有时像流星，瞬间的美丽令人回味无穷。不管是外在的美丽，还是内在的丰富，都可以称之为幸福。只是，当这一切碰到一种名叫"虚荣"的情感后，都会消失不见。

人们渴望虚荣心得到满足，为此，不惜花费一切精力，营造出一个假象，就好像自己真的过上了理想中的生活。但梦境终究是梦境，真正的拥有是无须炫耀的。

法国作家莫泊桑有一篇短篇小说叫《项链》，它为我们讲述了一段被"虚荣"无情摧毁的人生：马蒂尔德是一个小公务员的妻子，长得非常漂亮，只是家境贫寒。一次，她和丈夫接受了某部长举办的舞会的邀请，马蒂尔德因为爱慕虚荣而向好友借了一条项链，并在这次舞会上出尽了风头。但回家之后，她却发现项链丢了。为了赔偿好友的项链，她和丈夫借了一大笔钱，辛苦 10 年才把债务还清。10 年后的一天，她又遇到了那位好友，对方还是当年那般漂亮高贵，而此时的她却已苍老不堪。更可悲的是，好友告诉她，当年丢失的那条项链只不过是一件赝品。

看到最后的结局，多少人为之叹息？虚荣竟如此可怕，它像一面镜子，反射出最美的晚霞，过后便是永久的黑暗，马蒂尔德这样的女人因为迷恋于那瞬间的美丽，付出了惨重的代价。道理浅显易懂，可回归到现实生活中，还是有无数不够淡定的人依然步马蒂尔德的后尘，为虚荣活着。他们处处炫耀自己的特长与成就，喜欢听到别人的赞美；总在外人面前夸耀自己有一定权势的亲友；喜欢不懂装懂，处处争强好胜，自命不凡；经常把生活中的失误归咎于他人，即便自己有缺点，也会试图用各种借口极力掩饰。他们沉醉在虚假的荣耀里，拼命地掩盖着真实的内心，当有一天，虚荣的面具被揭穿，他们才知道自己不过是在哗众取宠，自欺欺人。

　　查理太太是个爱慕虚荣的女人，一直以来，她都向往过上自命不凡，高人一等的生活。为此，她也没少费心思。

　　一日，查理太太跟随丈夫去参加一场酒会，出席者多是上流阶层的人物，在漫无边际的闲聊中，话题转到了音乐家莫扎特身上。

　　威尔逊先生激动地说："他是一个绝对的音乐天才。才华横溢，无人能及！"

　　"噢，是的。他从3岁起就显露出极高的音乐天赋，4岁跟着父亲学习钢琴，5岁就开始作曲。"罗斯小姐说。

　　加入对名人的评论，是查理太太梦想已久的事。于是，她不失时机却又故作淡定地说道："噢，莫扎特，我非常喜欢他这个人。说出来或许你们都不敢相信，今天早上我在21路车站与他聊了几句，他正要去音乐厅客串一场演出，上车前他还礼貌地与我道了别，真是个懂礼节的人。"

查理太太话音一落，周围的人便不再说话，大家面面相觑，而后轻蔑地看了看她，散开了。站在一旁的查理顿时觉得颜面无存，他走到太太面前，略带愠怒地耳语道："拿上你的外套，我们快离开这里，现在就走。"

查理太太显然并不知道发生了什么，她跟着丈夫离开了酒会。驾车回家的途中，查理一言不发，还是查理太太先打破了沉默："查理，你是不是生气了？我做错什么了吗？"

"噢？你终于注意到了？"查理带着一种嘲讽的口吻说道，"你今天让我丢尽了面子。你看到莫扎特坐 21 路车去音乐厅了？你个自以为是的女人。谁都知道 21 路车根本就不路过音乐厅！"

查理太太的确有点可笑，甚至虚荣得有点过头了。其实，从另外的角度去看虚荣，不过也是内心的自卑情绪在作祟。就像世人常说的，一个人越是缺少什么，就越是爱炫耀什么。真正淡定、内心充满自信的人，不需要借助其他外力——名车、房子等外在物质的陪伴，那些都只是他的附属品，他真正的价值在于眉宇间的淡定和内心的宽度。

所以，不要再去炫耀自己有什么，也不要把虚荣建立在别人捧场的基础上，更不要整天逼迫着自己的爱人达到一个什么样的状态，试图用他的"体面"来满足自己的虚荣。若是心灵完全被虚荣所支配，那么人会被迫为虚荣贡献自己的时间甚至生命，就像与虚荣签订了一份主人与奴隶的契约，一生都要为之所累。

无论生活如何，都应该有一颗不浮躁的心，控制自己，而不是被虚荣所控制，越是身处五光十色的城市，越需要淡定地活着。

◎ 别再去重复别人说过的话 ◎

　　身处社会，人们习惯了一种模式，那就是随声附和。没有人想要四处树敌，为了避免这样的问题发生，人们开始掩藏自己的真实想法，别人说什么就附和什么，虽然内心未必认同对方的想法。

　　然而，当附和成为一种习惯，我们也就成了随波逐流的平庸之人，什么都按照别人的轨道运行，失去了自己的想法。想要成功就看别人的经历和方法，想要做什么事，就模仿什么领域的领头人……

　　确实，那些成功人士的确有值得我们学习的地方，但我们不能因为别人优秀就推翻自我，否定自我。真正成功的人会借鉴别人的方法，但他们也懂得发挥自己的长处，发现自身的价值。这才是智者的选择。

　　有一天，小鸡在河岸边捉虫子，看见有一只小鸭子在河里游来游去，不时地从水里叼出一条新鲜的小鱼，看起来快活极了。小鸡对小鸭子说："不就是游泳嘛，不就是捉鱼吗？我也会。"说完，就摆出了一副要跳下去的姿势。

　　小鸭子看见了，游过来说："你不会游泳的，还是别跳下去吧！"但是小鸡不听，还气冲冲地说："哼，我就让你瞧瞧！"小鸡扑扑翅膀立刻跳进了河。只听"扑通"的一声，它的身体慢慢地往下沉，它害怕地用翅膀拍打水面，大叫："救命啊！救命啊……"

在小鸭的帮助下，小鸡好不容易爬上了岸，它身上的羽毛全湿了，真成了"落汤鸡"。小鸭子对小鸡说："你们鸡是不会游泳的，不像我们鸭子天生就是游泳的好手，你如果跳下水，是会有生命危险的，下次你不要这样了。"

小鸡听了脸红了，对小鸭子点了点头，又跳着去捉虫子了。

这个故事启迪我们，人要对自己有正确的认识，知道自己的短处和长处，要做自己擅长的事情，不要盲目地模仿别人，因为适合别人的地方未必适合你，别人擅长的事情或许正是你的弱项，"以短比长"只会让自己吃亏、受到伤害。

汉高祖刘邦雄才大略，聪明绝顶，尤其能驾驭人，却不擅统兵，带兵能力仅为十万；韩信不擅政事，却谙熟兵法，用兵多多益善。试想，如果两者互换位置，还会在各自的领域叱咤风云吗？恐怕历史就得重写了。

有一句古话，"天生我才必有用"，追求成功的途径和方式有很多种，正所谓"条条大路通罗马""三百六十行，行行出状元"。每个人都应该强大自己的内心，平静地看待别人的优秀，对自己有一个清醒的认识，扬己所长，避己之短，量力而为，恰到好处，这不失为培养自信心、消除自卑感和忌妒心理的有效方法。

格里格·洛加尼斯小时候是一个非常害羞的男孩，又有点口吃，在阅读与讲话方面不尽如人意，曾被归入学习最差学生的行列，经常受到同伴的嘲笑和捉弄。看着别人都比自己优秀，洛加尼斯又羡慕，又忌妒，也有自卑。

不过，洛加尼斯是一个聪明的人，通过一段时间的思考后，他发现自己的天赋在运动方面，而不是学习。认清这点后，他决心集中精力到自己的特长上，展现自己的运动天分。由于自身的天赋和努力，洛加尼斯果然开始在各种体育比赛中崭露头角，赢得老师和同学的尊重。

后来，在一位前奥运会跳水冠军的指点下，洛加尼斯接受了跳水专业训练。经过长期的努力，他终于在跳水方面取得骄人的成就：16岁成为美国奥运会代表团成员，28岁时已获得6个世界冠军、3枚奥运会奖牌、3个世界杯冠军和许多其他奖项；1987年作为世界最佳运动员获得欧文斯奖，达到了一个运动员荣誉的顶峰。

若在学习上与别人竞争，过许多年也不过是个普普通通的学生，洛加尼斯认识到了这一点，他开始留意自己的长处，平静地看待别人的好，避短扬长，凭借优势，最终获得了成功的人生，修炼了"悍马"般强大的心理。

承认自己在某方面不如别人，不因别人的优秀影响自己，这是很艰难的，需要有点勇气，但倘若一生都不敢正视这一现实，看见别人的好就盲目地模仿，跟跟跄跄地走在完全不适合自己的路上，身心备受折磨，那不更痛苦吗？

模仿来源于一种自卑，是对自己的不确定，但是人们光顾着看别人，却忘了看自己，最终只能被自卑所控制，被模仿所驱使。

强大自己的内心，平静地看待别人的好，只做自己所能的事情。当你为之努力时，你就可以比较轻松地做出一番成就，找到自信和自我、活出精彩，相信你的成功之路会越走越宽阔。

第六辑
从随缘看事物，会看见自在

我们向往飞鸟的自在，却总是为难自己，强求他人，留恋得不到的东西。但世事变迁无法更改，如果不能淡然处之，每一个改变、每一次遗憾都会让我们痛苦。

想要纾解情绪，最好的办法是顺其自然，认真而又看得开，投入而又放得下。每一份经历都是独特的，不论是悲是喜，以不被束缚的心灵接纳事物，每个人都能自由自在。

◎ 安然享受树上甜美的果子 ◎

大文豪托尔斯泰说过："没有单纯、善良和真实，就没有伟大。"单纯是一种简单而纯真的关系。它的意义在于萌动心灵的意识，用单纯的心去接近生活中复杂事物的真实层面。正是这样一种渴望和祈求，创造了人性纯真而朴实的爱，让我们感受到一种淡然而脉脉滋润着的快乐。

往往，思想和行为的过度倾向只会减损快乐，掩蔽基本价值。快乐来自于心中有爱、信仰和希望，这些都是人性最本初的质朴。所以可以这样说，快乐根植于单纯。保持一颗单纯的心，于事，专注踏实；于人，友善真诚。

在现实生活中显现出一种至纯至简的情怀，驶往人生幸福的彼岸。

可是，现在的人们总是想得太多、太深，总想看清未来的本质，这样一来，苦难和死亡就摆在了自己的眼前，就好像明天将要面对一样，每天被时间追赶着跑，每天都在躲避苦难中度过。这样的生活让人们觉得疲惫，觉得难以应对，更谈不上自在，每天被压力所包围，将我们逼入绝境。

一个年轻人在森林中探险的时候，突遇一只老虎。老虎饥饿的眼神告诉他，即使不一定能跑得过老虎，但除了拼尽全力逃离之外，他别无选择。最后，老虎的穷追不舍把他逼到了一个断崖边上。

俯瞰悬崖下，年轻人想：与其被老虎活活咬死，还不如跳下悬崖，说不定还有一线生机，于是便纵身一跳。然而他在半空中却停住了，睁眼一看，自己被挂在了一棵长在悬崖上的梅子树上，树上结满了梅子。

年轻人如获重生，喜从心生。正在这时，一声闷雷似的吼声从他脚底下的断崖深处传来。他用余光一瞥，一只凶猛的狮子正在崖底踱来踱去地抬头望着他。

年轻人刚放下的心瞬间又提到了嗓子眼儿，更不妙的是，他的耳边传来了一阵窸窸窣窣的声音：一黑一白两只老鼠正在用力地咬着梅子树的树干。

他惊慌得几乎颤抖起来，这让本来就不怎么壮实的树干也跟着晃动。这时，年轻人转而一想：既然已经这样了，我不如不要这么紧张；现在没被摔死、咬死，反而倒被吓死了，那岂不是太可笑了？

这样一想，年轻人真的就慢慢平静下来了。没过多久，情绪平复的他感到肚子有点饿了，看到手边的梅子长得正好，便顺手摘了一些吃起来，他甚至感到自己从来没吃过那么酸甜可口的梅子。吃完后，困意渐浓。年轻人心想：反正迟早都是死，还不如现在趁着死之前好好睡上一觉呢。于是，他闭上眼睛，在一个三角形的枝丫上沉沉地睡去。

不知过了多长时间，等他睡醒后再次睁开眼睛的时候，他甚至都有些不敢相信自己观望到的：黑白两只小老鼠不见了，老虎、狮子也不见了。最终，年轻人顺着树枝，小心翼翼地攀上悬崖，脱离了险境。

原来，就在他睡熟的时候，饥饿的老虎按捺不住，跃下悬崖。两只小老鼠听到老虎的吼声，都惊慌而逃。跳下悬崖的老虎与崖下的狮子经过激烈打斗，也都双双负伤而遁。

既然对生命最坏的结果已了然于胸，那么剩下要做的，便是享受在此之前的过程：安然享受树上甜美的果子，然后平静地睡去——怀着这样一颗单纯的赤子之心，我们在起点与终点之间的生活过程才会健康而美好。

其实，我们又何尝不是这个被逼入绝境的人？人生之初，苦难与死亡就已经注定要去面对：苦难就像一只饥饿的老虎，或尾随或追赶；死亡如同一头凶猛的狮子，一直在悬崖的尽头等待。而白天与黑夜，就像一白一黑两只老鼠，不停地啃噬着我们暂时栖身的生活之树，直到总有一天我们会跌入狮子的口中。

但即便困境就在眼前，我们也有逃脱的办法，命运安排了一切，我们只要做好自己的事情，其余一切都可以顺其自然。去除内心的负担，我们才能拥有宽阔的胸襟和健康的心态。当摒弃内心的一切杂念，以豁达之心、纯简之态去看待世事仁人，我们便会让他人感受到一种理解和关心，同时也获得了自身心情的愉悦和灵魂的升华。

而往往，在现实生活中，我们熟悉的却是这样的感觉：

当你想开怀大笑的时候，你紧憋着不敢笑出声来；

当你感到伤心郁闷的时候，你又强忍着眼泪，没让它掉下来。

当你看见一位老人跌倒在路边，你视而不见，因为你在想：一定又是一个讹人的骗局；

当你从一位衣衫褴褛的乞丐旁走过，你没有丝毫的停留，因为你在想：等他收工了，指不定会去哪里大吃大喝。

你说生活本就是这样复杂，而你只不过是多了一个心眼。

可是，你有没有想过，因为这个心眼，那个老人可能就永远站不起来，那个乞丐或许又要挨饿地度过一晚？

你说心里充满了忧郁，可你有没有想过那些忧郁源自哪里，或者说它们到底存不存在？

你标榜自己感情丰富，而你的感情又是针对什么呢？自己、朋友、家人，还是对生活？

你解释说，这都是因为自己长大了，不能再像以前那么幼稚了；应该多思考，思考生活，思考一切。

可是，别人都在欢笑，而你却一直保持严肃的面容，一个人呆坐在角落。

生活，其实很简单，变得复杂的，是我们的内心。就像一面镜子，我们心里装着什么，折射出来的世界就是什么样子。当我们用内心的狭隘、怀疑甚至卑劣等邪恶的品质搅扰内心的纯净时，心灵便滑向了黑暗的深渊；相反，当心中充满了善良、真诚、仁爱、责任等美好品性时，蒙蔽心灵的阵阵烟雾就会渐渐散去，我们便实现了人格的升华和心灵的澄净。

很多时候，负累在心灵上的包袱都是我们的"智慧"创造的。要想活得轻松，并实现内心的欢愉和安宁，不妨单纯一些、愚钝一些；用简单纯洁的眼光和善良慈爱的天性去填充心灵的空间。

命运给我们安排了一个落脚的地方，或许周围有很多的危险，但我们也要发现身边的树。苦难固然可怕，但我们若是保持一颗平常心，安然享受树上甜美的果子，那么生活就要幸福得多。想要把控自己的命运，就要先控制住自己的心，不要让恐惧压住了幸福，只有幸福感滋生，你的生活才会多姿多彩。

◎ 平凡生活，平常心 ◎

每个人都是一颗渺小的沙，当然，这是对整个世界而言。于个人而言，没有人愿意承认自己的平凡，说到底，人们不过是搞混了庸俗和平凡。平凡不见得是一件可耻的事情，每个人都有自己的位置，只要你看得起自己的位置，那么你的人生就能绽放出光彩。

生活是自己的，不要在意别人眼中的自己，只要守着一颗平凡心，即便是平凡的生活，也能过得有滋有味。反过来，若是不甘于眼前的生活，被好胜心所控制，那么最终你将被自己的"聪明"所累。

夜莺和百灵鸟是森林里有名的歌唱家，动物们每次听到它们悦耳的歌声，都会忘却了时间。不过，对于夜莺和百灵鸟的歌声，猫头鹰却不屑一顾，它觉得自己的歌唱实力更胜一筹。为了证明自己的本事，猫头鹰决定开一场演唱会。

不过，猫头鹰知道，鸟类可能并不认同它，如果只依靠个人演唱，一定很难受到大家的欢迎。于是，猫头鹰想了一个办法：请夜莺为它伴唱，请百灵鸟为它翻谱。起初，夜莺和百灵鸟并不愿意，但猫头鹰几番诚恳的邀请，让它们也无法再拒绝。

几天之后，猫头鹰的演唱会如期在森林音乐厅中举行。然而，就在演唱会演出完的第二天，动物王国的报纸头版上就刊登了一篇"社论"，其中写了这样一段话：

"昨天晚上森林中举办了一场很有趣的音乐会，那只应该作为主唱的鸟儿在台上伴唱，那只应该伴唱的鸟儿在台上翻谱，而那只本应翻谱的鸟儿却成了主唱！"

猫头鹰的故事，再次印证了一个真理：聪明反被聪明误。记得《红楼梦》里有这样一句话，"机关算尽太聪明，反误了卿卿性命"，这是给聪明过人的王熙凤的最后判词。世界上有许多人一味地追求名利，用尽心思想得到自己想要的东西，结果却弄巧成拙。真正能够收获幸福的人，总是能够守住一颗平常心，淡然地看待名利，安然地创造自己丰盈的人生。

平常心不是仰视，不是俯视，它是不为感情所左右，不为名利所牵引，洞悉事物本质，用平淡、平等、平凡、平静的眼光和心态看待一切人和事。然而，在这个充满诱惑的年代，很多人被名利蒙蔽了双眼，他们羡慕名人的风光，羡慕有钱人的奢侈，但他们不知道那些人风光的背后，其实也有着常人难以体会的困惑和疲惫。

《飘》的作者玛格丽特·米切尔曾说："直到你失去了名誉以后，你才会知道这玩意儿有多累赘，才会知道真正的自由是什么。"

是的，在盛名之下，是一颗活得很累的心，因为它只是为别人而活着。人想要活得安稳，活得自在，活得幸福快乐，就要用一颗平常心看待所有的名利和荣耀。这是一种中庸的处世心态，既不清心寡欲，也不声色犬马；既不自命清高，也不妄自菲薄；既不吹毛求疵，也不委曲求全。

刚结婚的时候，她和丈夫的日子有些拮据。那时的她，没有太多的钱购置衣物，但她每天都穿得干净得体；那时的家，没有几件像样的家居，但她却把家里收拾得一尘不染。别人拥有了房子、车子，她看在眼里，却没有丝毫的忌妒之意，她只是静静地过着自己的日子。

10年过去了。她和丈夫开了一家商店，生意很好，他们的生活也和从前大不一样。她住进了100平方米的大房子，有了自己的车，还有近百万元的存款。但是，她的打扮依旧很朴素，没有浓妆艳抹，也没有金光闪闪的首饰，但从她的气质中，人们也能够读出一种别样的风韵；她的家也没有奢华的装饰，只是简简单单，但看上去大方、雅致。别人在言语中透露出对她的羡慕，但她却总是微微一笑，说道："你也很幸福。"

她只是一个平凡得不能再平凡的女人，但她的人生很精彩，也很丰盈。因为她始终用一颗平常心看待生活，始终用一颗感恩的心品味生活。

谁也无法像佛家高僧那样进入一种无我的境界，但至少可以努力去做到临危不惧，宠辱不惊。就像故事中的这个平凡女人，日子艰难的时候没有怨天尤人，日子富裕的时候也没有得意忘形，始终以一颗平常心坦然处之。平常心不是"看破红尘"，也不是消极遁世，平常心是一种积极的人生态度，是"不以物喜，不以己悲"的人生智慧。

守住平凡比追逐名利还要困难，但若是你做到了，便守住了一生的幸福。

◎ 心如止水，所以优雅 ◎

生活如同一片汪洋大海，人只是大海上的一叶扁舟。大海永远不可能有风平浪静的时候，人生也是喜乐参半。生活中，每个人都或多或少会受到情感、家庭、工作的困扰，当烦恼如同海潮一样袭来，失意、迷茫、恐惧、焦虑触动着心灵的每一根神经，让他们烦躁不安，甚至想要逃离人群，到陌生的地方寻求难得的清静。殊不知，内心不安宁的人，永远也找不到清静之地，不管走多远，走多久，仍然远离那一片乐土。

一位虔诚的年轻人，每日都在自家的花园里采撷鲜花，拿到寺院里供奉。

某日，当他正把花送到佛殿上时，碰巧遇到了老禅师。老禅师见此，欣喜地说道："施主每天都如此虔诚地以花供佛，来世定能得到庄严相貌的福报。"

年轻人听后喜出望外，连忙说道："这是应该的。我每天到寺里拜佛，觉得心灵就像洗涤过一般清凉。可一离开这里，心里就烦乱。我的太太是一个女强人，我则守家待业，每天生活在喧嚣的城市里，如何能够保持一颗清静之心呢?"

老禅师笑了笑,反问年轻人:"你以花献佛,想必对花草总有些常识。那么我问你,你家里的花是如何保持新鲜的?"

年轻人一本正经地答:"这个很简单,每天要换水,换水时把死梗剪掉一截。因为花梗在水里容易腐烂,若是不剪掉,水分就难以吸收,花很快就凋谢了。"

老禅师道:"保持一颗清静之心,道理也如此。生活的环境就像是瓶子里的水,我们就是花,只有不断地净化身心,变化气质,不断地忏悔、检讨、改过,才能够不断吸收大自然的食粮。"

年轻人点点头,感激地说:"谢谢禅师的开示。希望以后有机会能够拜访您,过一段寺院中禅者的生活,每日享受晨钟暮鼓,在菩提梵唱中感受安宁。"

老禅师笑道:"呼吸便是梵唱,脉搏跳动就是钟鼓,身体就是庙宇,两耳就是菩提。人生何处不宁静?何必等机会到寺院里生活呢!"

大环境不能决定我们的心,说到底,每个人都活在自己设定的一个环境中,你觉得它喧嚣,它便是喧嚣,你觉得它安然,它便是安然。做到心如止水的从容,你便能阅尽幸福,优雅从容地度过每一天。

就像老禅师说的那样,热闹场中也可以修心,只要自己愿意丢下妄缘,抛开内心的杂念;如果不能摒弃妄念,就算身处深山古寺,一样无法修行,因为心不静。就像六祖慧能说的那样:不是风动,不是幡动,仁者心动。

的确,并非外界的纷扰搅乱了心,心不安宁才是无法淡定的根本。名誉、地位、财富、学历的欲念,冲击着脆弱的心灵,兴奋、快乐、幸福、自豪的感受忽隐忽现，烦恼、压抑、懊悔、自卑的情绪不时出现。面对这些干扰，唯有让烦躁的心宁静下来，才能够体悟到生活的美妙。

美国哲学家、文学家约书亚·罗斯李普曼年轻时，曾经遇到过一位长者。长者让他列出人生中最美好的事物，于是他把内心向往的爱情、才华、权力、财富和声望等逐一写在了纸上，并自以为这些已是生命中不可或缺的美好事物，可谓是一份完美的答卷。长者看过后摇摇头，说里面少了一样最重要的东西。如果没有它，你所写的这一切都会变成可怕的痛苦，变成人生中难以承受的负担。长者将他所有的答案划掉，然后郑重其事地写下了四个字：心如止水。

长者的答案，让李普曼如梦初醒。这个世界上，拥有健康和名望的人很多，可唯有心灵的宁静才是上帝赐予人们的最后恩典。而绝大多数的人，一辈子都未必能够得到这份厚爱。长者的教诲，李普曼一生铭记于心，也最终让他成了一位真正的智者、一位牧师和心灵导师。他用自己的人生感悟告诉世人：任何财富都无法换来内心的安宁；即便没有外在的物质，也可以让心灵安详、富足。只要内心是安宁的，生活再苦再累，也阻挡不了追求幸福的乐趣；一旦心灵充满躁动和不安，拥有再多，生活也索然无味。

纷繁复杂的世间，不少人也是如此，太过注重表面的物质生活，而忽略了内心的感受。久而久之，生活变得越来越浅薄，心灵变得越来越不安。因为物质上的富足，掩盖不了心灵的慌乱和空虚，为了填充这种空虚的感受，他们又会拼命忙碌，试图用更多的财富积累来掩饰。于是，生活陷入了一个怪圈，很累很焦虑，却又找不到出口。

一个女人在感情上遭受了挫折，情绪低落，日渐消沉。一日，她独自到海边散步，碰巧遇到了以前的一位好友。这位好友恰好是一名心理医生。

女人开始滔滔不绝地向朋友倾诉自己的苦恼和悲痛，希望朋友可以帮她解脱，斩断内心的纠结。朋友在一旁安静沉默，好像没有听见她的诉说一般，因为她的眼睛一直看着远方的大海，直到女人说得累了暂时闭口，她才自言自语地说道："帆船遇到了满帆的风，走得可真快呀！"

那个女人望了一眼海上，见一艘帆船正乘风破浪地前进着，她没在意，以为朋友没有听到她刚刚的诉说，不懂她的意思，便又一次把自己感情路上遇到的种种坎坷以及现在的痛苦、烦恼说了一次，只是这一次的语气比刚刚重了不少，还多了点哀怨的味道。

医生朋友好像在听，又好像什么也没听见。她不顾身边这个近乎发狂的女人，依旧望着海上的帆船，自顾自地念叨："你还是想想办法，怎么让一艘行走的帆船停下来吧！"说完，她就转身离开了。

消除生活的苦恼，根源并不在苦恼本身，而在于拥有一颗安宁、豁达的心。唯有止息心的喧嚣，才不会被外在的烦恼所困。想要彻底摆脱烦恼，在于自我意念的清静，就像故事中那位医生朋友说的那样，在满风时让帆船停下来。

生活总会有涟漪，不管生活给予我们的资源多么匮乏，不管外面的世界多么喧哗吵闹，只要用宁静做心的屏障，把世界放在心外，生活便不会带走什么。何况，人生本就短暂，即便不够快乐，也该学会平静，真的没有必要自寻烦恼。

◎ 强求难得圆满，凡事顺其自然 ◎

人生在世，不如意之事十之八九，这是命运给予我们的考验，也是人生的特别之处。可是，天性使然，人们渴望圆满，事事都希望向着好的方向发展，虽然心知不可能，却又无法说服自己，控制自己，最终让自己陷入苦闷的牢笼，因为不顺遂的人生而哀叹。

但其实，人生的美妙之处就在于有顺境，也有逆境，在不断的奋斗中，人们一步步接近着幸福的真谛。只要你能够坦然接受生活安排给我们的各种考验，平心静气，顺其自然，那么幸福就掌握在你的手中了。

药山禅师的门下有一大一小两弟子。一天，众人在山中参禅，看到一棵树长得很茂盛，而旁边的另一棵树却只剩下枯黄的枝叶。药山禅师想借此示教，于是他问小弟子："是荣的好呢，还是枯的好？"小弟子回答："荣的好！"接着，药山禅师又问大弟子，大弟子却说："枯的好！"

药山禅师笑着摇摇头，什么也没说。两个弟子面面相觑，不明所以。药山禅师说道："荣的任他荣，枯的任他枯。"

多么淡定的禅语，多么闲适而独到的眼光，任枯任荣是一种不加分别的心境，更是一种随遇而安的态度。只管安心做自己，管他外面是春夏还是秋冬？静下心来想一想，这世上比你有才能、比你富有、比你美丽、比你聪慧的人数不胜数，人活一世，与其让那些自己所没有的东西来诱惑自己，折磨自己，毁掉美好的生活，倒不如安心享受自己的人生。

可是，当人生出现意外的时候，有些人脑子里就好像缠了一团毛线，越想越乱，越乱越想，最后掉进了自己挖的陷阱里面。旁观这些人，他们无疑是愚蠢的，但是静下心来想一想，我们又何尝不是如此呢？

聪明的人懂得妥协，会选择顺其自然。因为他们知道尊重自然规律，活在当下。这样他们不仅活得轻松豁达，而且还会获得意外的惊喜。正是由于他们这种顺其自然的处世哲学，常常会在"山重水复疑无路"之际，眼前突然一亮，然后"柳暗花明又一村"。正因为他们有着一个乐观的心态，面对那些不曾期待的美好时，才会显得从容不迫，进而把握住眼前这美好的事物。

在山间有一所寺庙，住着一个老和尚和一个小和尚。一个初秋的早上，师徒二人在院子里散步，走着走着，他们看见了一块草地，草地上长满了绿油油的草，一片生机盎然。可是就在草地的中间，却出现了一大块枯黄的景象，小和尚看到后，赶忙对师父说："师父，快在这里撒些草籽吧！要不这草地太不好看了。"

师父说："不要着急，随时！"小和尚听后，有点不解。

到了中秋节那天，师父拿出一包草籽，对小和尚说："现在把这包草籽撒在地上去吧。"小和尚接过草籽，迫不及待地来到寺庙院子里面的那块草地上。可是刚刚把草籽撒下，就吹来了一阵风，把撒在地上的草籽给吹走了不少。小和尚看到后，赶忙跑回去同师父说："师父，大事不好了，草籽都被风给吹走了！"

师父笑着说："不要担心，被风吹走的草籽都是瘪的，即使撒下去了也不会发芽的，随性!"

当种子撒下后，小和尚每天都来看它们。有一天，他看见有几只小鸟正在吃种子，于是他赶紧把小鸟给赶走，并惊慌地跑到师父面前："师父，种下的种子都被小鸟吃了!"师父说："不要着急，小鸟是吃不完的，那里一定会长出小草的，随遇!"

过了一个多星期，小和尚果然看到了嫩绿的草芽，一片生机。

师父对小和尚说了三句话，即"随时""随性"和"随遇"。这三句话告诉我们：凡事要顺其自然。换句话说，不要总去强求那些不属于自己的东西，如果一味地去强求，只会让我们步履维艰。做人有时候要懂得妥协，学会顺其自然，这样才能在做事的时候得心应手，一路通畅。

事实上，生命中有很多东西是不能强求的，那些刻意去强求的东西，有可能我们终生都不会得到。相信大家都非常熟悉《揠苗助长》的故事，农夫因为违背了自然规律，擅自把禾苗拔高，不仅没有帮助禾苗的生长，反而把禾苗都害死了，几千年来受到了世人的嘲笑。

既然如此，我们又何必去百般思量呢? 不如超脱自由一点，顺其自然!

迪士尼乐园马上就要完工了，可设计师们正在为园中道路的设计而大伤脑筋。在所有征集来的设计方案里面，没有一个是尽如人意的。总经理迈克尔先生得知这个情况后，叫人把所有的空地都种上草坪，就这样，乐园在没有道路的情况下开始营业了。过了一段时间后，迈克尔先生从国外考察回来，准备看一看刚刚建成的迪士尼乐园。

他走到乐园时发现，原本铺满了草坪的地面上，出现了几条蜿蜒曲折的小径，而这几条小径和周围游乐的景点非常巧妙地结合在了一起，这让他感到非常高兴，于是赶忙找来负责道路铺设工作的人员，让他们沿着这几条小径铺道。如此一来，他们不但解决了设计方案问题，而且还得到了游客的赞赏。

顺其自然，绝对不是消极等待，不是被动地面对生活，也不是那种自视清高的消极避世，而是能够洞悉人生的一种大智慧。拥有了它，也就拥有了"妥协"这种处世之道，然后你会发现自己与外在的世界慢慢地融合了，和谐了，不再有矛盾，不再有冲突，处处充满着意外的惊喜。

总有起风的清晨，总有暖和的午后，总有绚烂的黄昏，总有流星的夜晚，即便你我不喜欢，世界也照样转。既然如此，何不保持顺其自然的心境，用心去把握每一个瞬间。如此我们会发现，紧绷的心弦放松了，生活节奏不再紧张，一切都慢了，静了，人生尽在把握中。

◎ 只要有根，在哪里都有芬芳 ◎

我们常常觉得自己在过一种"漂移"的生活，随波逐流，没有方向。我们不知道下一秒生活会有什么变化，既痛恨它没有任何变化，又害怕它马上变化，这种矛盾的心态，让我们惆怅不已。

之所以会有这种心态，是因为我们对自己缺少强大的自信，相信不论什么时候，不论发生什么事，自己都可以面对，都可以战胜困难，即使到一个陌生环境中，我们也可以迅速成长。

有位高僧被寺庙上下敬重，大家都说他是一个极有智慧的人。一个偶然的机会，有个小和尚发现这位高僧读经书的时候，必须有个小和尚在旁边一字一句地读给他。小和尚问别人："大师眼睛不好吗？为什么要别人读？"有人回答："因为他不认识字。"

一个高僧竟然连字都不认识，小和尚不由心生轻视。他气性高，有一次被高僧批评，他顶撞道："你连字都不识，怎么能称为高僧呢？你哪有什么智慧！"

高僧微微一笑，抬起手指指向窗外的月亮问："你看到那个月亮了吗？"

小和尚仰起头说："看到了！"

高僧放下手指，又问："没有我的手指，现在你看得到月亮吗？"

"当然看得到！"小和尚说。

高僧说："智慧就像这轮月亮，我们可以借助别人的手指看到它，也可以自己看到它。"

　　有时候人们惆怅的内容，并不是琐碎的小事，而是关于人生的大问题，人们觉得自己缺少一双慧眼，缺少他人丰富的经验，缺少随机应变的能力和处世的智慧。其实，有时候智慧就在生活之中，我们可以通过自己的观察发现天地间的智慧。

　　生活需要智慧，生活更需要发现，如果你看到的生活仅仅是一种表面现象，你需要想得深一点，琢磨得透彻一点。你想得越多，你越不会为小事钻牛角尖，越能够体谅自己和他人，也越会分析事物的前因后果，这种智慧正是我们心灵的根本，它可以引导我们走向成功，引导我们告别惆怅，也可以引导我们修身养性，志存高远。

　　惆怅的时候，不妨更深入地挖掘生活，寻找我们的"根"，包括关于生命的种种智慧，包括我们的潜力和能力，包括我们真正的性灵，其实人们惆怅，不过因为看不清自己，也看不清世界；而找到你的"根"，你就能顺着它发现自我，也能借由自我感受世界，认识世界，这才是真正的领悟，好过任何书本或他人教给你的知识。

　　一个少年喜欢弹琴，想成为一名音乐家；另一个少年爱好绘画，想成为一名美术家。然而，他们都突然经历了一场灾难。结果，想当音乐家的少年，再也无法听见任何声音；想当美术家的少年，再也无法看到这个五彩缤纷的世界。两个少年非常伤心，痛哭流涕，埋怨命运的不公。

这时，一位老人知道了他们的遭遇和怨恨。老人对耳聋的少年用手语比划着说："你的耳朵虽然坏了，但眼睛还是明亮的，为什么不改学绘画呢？"然后，他又对眼瞎的少年说："你的眼睛尽管坏了，但耳朵还是灵敏的，为什么不改学弹琴呢？"两个少年听了心里一亮。

他们从此不再埋怨命运的不公，开始了新的追求。改学绘画的少年发现耳聋了可以使自己避免一切喧嚣的干扰，使精力高度专注。改学弹琴的少年慢慢地发现失明反而能够免除许多无谓的烦恼，使心思无比集中。后来，耳聋的少年成了美术家，名扬四海；眼盲的少年终于成为音乐家，饮誉天下。

他们相约去拜见并感谢那位老人。老人笑着说："不用谢我，该感谢你们自己的努力。事实证明，当命运堵塞了一条道路的时候，它常常会留下另一条道路！"

当一条路走到末路，碰到现实的墙壁，我们都会不知所措。这时候，不要悲哀，也不要放弃，要知道，你的本心，你的智慧，你的能力，一直都存在，这就是你的根本。你要像一粒种子，到合适的土壤就能开花。

比起为现状惆怅，将来的路更重要，在决定之前，你没有时间浪费，每一种危机都有相应的应对措施，有些人能够当机立断，因为他们懂得认清现实，懂得权衡利弊；有些人始终优柔寡断，因为他们太过留恋过去，害怕将来，他们的情绪始终是不定的，就在他们犹疑时，时光飞快地过去，机遇飞快地溜走，本来在你手中的种子，不知何时掉落，就连土中的根须，也因为长久僵硬而失去活力。

随遇而安，随缘而去吧，只要有根，在哪里都可以绽放，不要担心前路，你只需相信自己，就能落得逍遥，活得自在。

◎ 承认自己的力所不能及 ◎

　　现代社会的人们，似乎把追求成功当作生命中永恒的追求，在实现了一个目标之后，又急急忙忙奔向下一个目标；当翻越了一座山头之后，又马不停蹄地奔向另一个更高的山头再次登临。就这样，我们不知不觉被忙碌所包围，被追求所统领，就像一个陀螺似的，不停地打转，实现着心中的目标和理想。

　　我们不否认这种追求本身，但是我们也要思考一下，当我们热衷于追逐一个又一个目标的时候，快乐和安宁是不是也离我们远去了呢？

　　事实上，当我们习惯了忙碌，习惯了追求，不知从哪一天开始，我们也习惯了被别人称之为"精英"。为了这一切，我们振奋精神，扛住压力，迈步前行。可是，忽然有一天，我们会发现，自己的内心却已经是千疮百孔，脆弱不堪。这时候我们才恍然大悟：原来"精英"的"帽子"竟是如此沉重！

　　前几年各个电视台常播一个名为《有事您说话》的小品，其中由著名小品演员郭冬临饰演的小郭，就是一个比较典型的陷入"精英"围城的例子。

　　小郭为了显示自己神通广大，为了让领导和同事们看得起自己，他谎称自己什么事都能办。当他们科长正因为买不到火车票而发愁的时候，小郭自告奋勇称自己在火车站有关系。

可实际上，他根本没有熟人。可为了撑足面子，他不得不起早贪黑，扛着铺盖拎着马扎在火车站排队买票。可是当他等了大半夜，好不容易排到了售票窗口，结果票没有了。

无奈之下，小郭只好多掏了200元钱，从"黄牛党"手里买了两张高价票。

其实，在现实生活中，那些为了树立自己在他人眼里的高大形象，而不惜无休止追名逐利的人们，和小品中的小郭没有什么不同。显然，他们有一个共同点，就是为了面子，为了提高自己在别人心中的"地位"，尽一切努力让自己戴上"精英"的桂冠，不管遇到什么险阻都不会丢弃，否则就是太"栽面"了。

因此，为了不"栽面"，很多人常会发出这样的声音："除非我能得到别人的肯定，否则我便是一事无成，我便没有创造自我价值"，"为了别人的认可，我要努力抬高自己"，"不管我的工作干得如何，最重要的是那个肯定"殊不知，这些观念一旦在我们心里根深蒂固，我们的身心都会面临无尽的痛苦，并且越努力反而离快乐越远。

诚然，一个人希望得到他人的认可，是一种很正常的、也是最基本的心理需求。但是，如果走火入魔，被"精英"的围城彻底包围，就会给身心造成沉重负担，到时候便得不偿失了。

每个人的能力都是有限的，若是被虚荣心吞噬，那么人们总会勉强自己做出那些力所不能及的事情来，看似你得到了别人的认可，但事实上这并不是你真正的实力。这样一来，当人们委以重任的时候，你要如何支撑？越来越累，越来越烦躁，最终才发现，自己早已身陷囚笼，被心所扰了。

所以，为了避免我们失去不该失去的，那么不管我们身处怎样的位置，最好还是想方设法让自己跳出精英的围城，舒缓一下身心吧！

于先生是一家上市 IT 公司的策略总监，身居高位的他，看上去却酷似一位大学教授：儒雅的外表，沉稳的举止，温和的谈吐。

在他 10 平方米左右的小小办公室里，看不到一丝人们意识里所认为的 IT 人的"乱糟糟"，相反，他的办公桌几年如一日地整洁，文件放置得整齐有序，办公的电脑也始终光亮如新，就连办公室的墙面都贴着两幅非常高雅的画，为整间办公室增添了浓郁的艺术气息。

一次，一位媒体记者前来采访于先生，看到他办公室的这番景象不禁大吃一惊，而当采访进行中的时候，记者更是发现了在竞争如此激烈、人人都喊压力大的 IT 圈，于先生却似乎游刃有余，总能够轻松应对。

带着这份好奇，记者问道："您是如何解决工作中的压力、如何避免陷入'精英'围城的呢？"

于先生回答说："压力每个人都有，就看你如何应对。有的人被成功带来的压力牵着鼻子走，结果步伐凌乱，越走越糟。我喜欢把工作弄得简单清爽些，当感到有压力时，就自我检查一番，清理掉那些负面情绪，让自己轻装上阵……有时，我会改变一下工作方式，以缓解压力。当感到疲劳时，就泡一杯茶，或者陪一陪孩子，这些都会让我感到生活的乐趣，自然也就让心情放松了。当我再转过头投入工作的时候，也就重新焕发了活力……"

故事中的于先生自己也不否认常会面临压力，但是同样是面对压力，他却能用比较巧妙的方式调整自己的状态和情绪，而不至于让自己被压力压垮。像这样的做法，在现代科学上有一个名词叫作"会休息"。所谓"会休息"，是指在尚未感到疲累前，就主动休息。这才是积极的、能提高工作效率的休息、减压方法，而不是"累了才休息"。当然，这种休息包含的范围很广，它可以是散散步，可以是喝杯茶，也可以是闭目养神……

总之，他们面临压力，不是把它归咎于外部环境，而是从自身寻找"发病源"和解决的办法。而这样做也往往是最为有效的。

致力于研究心灵成长的台湾作家张德芬曾说，人这一辈子，能引发情绪的只有三件事：自己的事、别人的事、老天爷的事。人之所以感受到压力，体会到烦恼，往往是由于疏忽了自己的事，爱管别人的事，担心着老天的事。

人生自有它的安排，我们只需按照自己的步调行进。眼前出现了无法解决的问题，承认自己力所不能及，并不代表示弱，只是就事论事而已。能力不足就提升自己的能力，遇到压力就想办法缓解压力，未来的你才会获得真正的能力。

不要将自己困入"精英"的围城，学会自我减压，学会顺其自然，学会拒绝那些力所不能及的事情，你才能轻松惬意，做最快乐的自己。

◎ 百年等待，只为一次花开 ◎

世上有一种名叫"普雅花"的植物，生长在南美洲安第斯高原海拔 4000 多米人迹罕至的地方。它的花期只有短短的两个月，花开时却美艳至极，花谢时也是极尽荒凉，整个花株都会随之枯萎。可是，很少有人知道，为了这短短的两个月花期，普雅花要等上整整一百年。

用一百年的时间，等待短短两个月的绽放，值得吗？普雅花从未思考过这个问题，它只是静静地矗立在高原上，默默地吸收着阳光的能量，默默地汲取大地的养料，努力营造自己的那一次绽放。它等待了一百年，用百年一次的花开证明自己生命的美丽与价值。

有时候，人们就像普雅花一样，为了生命中最美丽的一刻，坚定地等待着：等待失散多年的亲人，等待杳无音信的朋友，等待离家许久未曾归来的孩子，等待一个展示自己的机会，等待一份让自己怦然心动的爱情……

等待，是人生中不可或缺的一个过程，等待是一种希望，它会在这个过程中教会人们取舍，教会人们很多。就像《基督山伯爵》中说的那样："人类的全部智慧都包含在这两个词中：等待和希望……"有时候，苦苦地等待，只是为了奇迹的出现，只是静候人生之花绽放的那一天。

她的母亲曾是一名优秀的军医，在她刚刚考上高中的时候，母亲却因为一次意外，右手受伤，从此告别了手术台。自那时起，她就立下了一个心愿：考上某军医大学，继续母亲从前的事业。

可是，天不遂人愿。她屡次高考都未能够达到那所大学的录取线。母亲把这一切都看在眼里，也劝她适可而止，读其他的医科大学也一样。她说："不，我就要进那所大学，因为您是从那里出来的，这是我最大的心愿。这次考试我发挥得不好，我还可以等下次，只要坚持，我一定能考上。"母亲叹了口气，没再多说什么。要知道，这已经是她复读的第二年，第三次参加高考了。

无奈之下，母亲只能让她继续补习。其实，她的成绩很优异，若不是为了进入那所心仪的军医大学，她应该是个"大三"的学生了。眼看着与她同龄的女孩子都临近大学毕业了，可她还在高考大军中日夜奋战着。

第四次高考，很多人觉得她应该会如愿以偿了。因为上一次高考，她只差了两分。可惜，这一次她又落榜了。家人劝她放弃，退而求其次，她不应。外面的那些指责和嘲笑，她也不介意。为了自己的心愿，她又一次走进了复读的课堂。

终于，上天不负有心人。这一次，她如愿以偿地迈进了某军医大学的校门。她走进大学的那一年，很多同龄人开始找工作了。但她并不后悔，她努力学习，之后一直读到了博士。那时，她的很多大学同学都已经结婚生子，生活和工作也稳定了下来。他们觉得，没必要非要读到博士，有了现在的文凭，以后努努力，也是一样的。面对别人的质疑，她淡淡一笑。

博士毕业之后，她以自身的能力被一个一线城市的军医院选中，成了一名大夫。在那里，她还邂逅了自己人生的另一半，并与之结为连理。在她工作的第二年，部队又给他们分了房子。她那些昔日的同窗们，尽管很多人都比她先走进社会，可他们却还在为房贷发愁，为工作不稳定叹气，为自己的文凭贬值烦恼，而这一切，女孩在一次又一次的等待和坚持中，都已经得到了。

女孩很年轻，却有一颗不浮躁的心。不管是面对一次次的失败，还是家人的反对，或是周围人的质疑与嘲讽，她都坚守着自己的方向，凡事没有到位，她宁愿寻找机会等待下一次的成功。在逆境中蜕变，在苦等中坚强。

当然，生活不是童话，不是所有的等待都会有结局，也不是每个结局都合乎自己期望的那么完美。等待，就好比一部开放性结尾的小说，作者是自己，但结局却不由自己决定。你只是完成它，结局可能在我们的设想之中，也可能在设想之外。很多人的苦等，终究还是竹篮打水一场空。这种等待，恐怕是最让人难以接受的。

王宝钏寒窑苦等远征的丈夫18年，这个故事早已为人们耳熟能详。试问：一个女人有几个18年？王宝钏，在她人生最美好的光阴里，忍饥挨饿，挖野菜度日，没有精神愉悦，更没有物质享受，生活可谓是毫无乐趣。可她尝尽了世间的万般苦难后，换来的却是刻骨铭心的伤害。

她的丈夫薛平贵从军后被敌人俘虏，后又被招为驸马，就此过上了幸福的生活。一个男人毕生追求的东西，他都拥有了。可在家乡苦苦等待他的王宝钏，衣不蔽体，食不果腹，以为自己找到了终身的依靠，却反被他误了终生。薛平贵确实成了气候，但却不再属于她。

整整18年之后，薛平贵回来了，与王宝钏夫妻相认，她与代战公主共事一夫。可惜，18天后，王宝钏死了，她没能让这种"美满"进行得长久。

在很多人眼中，王宝钏是愚蠢的，因为她一直在等待一个不值得她等待的人，因为这样，她荒废了女人最宝贵的青春。诚然，每个人从出生的那一刻开始就和时间赛跑了，有的故事可以预知结尾，但下一站是否是幸福人们不知道，因此在等待中人们期期艾艾，出现了各种疑虑、担忧……日子久了，便被这种情绪所控制，最终选择放弃。

王宝钏的等待是对是错，无论你如何看，都是你的眼光，只有当事人才能清楚地说自己的等待是否有价值。就像昙花一现一般，等待良久，为的并不仅仅是一个结果，而是生存的意义。王宝钏用她的一生证明了爱情，印证了爱情，谁又能说她的等待是愚蠢的呢？

可是，在这个浮躁的时代，人们也变得浮躁；在渴望成功的年纪，人们渴望一切都能够速成。技能可以去速成班培训，甚至连食物的制作也变得越来越简单，周围仿佛越来越陷入了一个高速旋转的黑洞……其实，在黑洞的外面就有一株叫作"静心"的花。

生活留给人们的往往是选择题，在现实生活中，我们常常会遇见这样的一种情况，在一个站台等公交车的时候会出现某一辆公交车迟迟不来的情况，一些人会选择坐上另一条路程更远的车或者是宁愿花很长时间来倒车；在等电梯的时候，一些人会因为等电梯的人太多或者电梯迟迟不来而选择走楼梯上高层。可结果呢？等车的人往往在到达目的地时发现自己绕了一个很大的弯，先前所等的那辆车已经提前到达多时；不愿等电梯的人在气喘吁吁地到达自己所要去的楼层时发现，电梯已经上下运行好几次了。

这是生活中司空见惯的现象，其实也可以将其总结出一些道理：当遇到无法抵抗的坏事情的时候，静静等候机会比横冲直撞地寻找路径要有用得多。在"等不及"这样一个紧箍咒的摧残下，很多人在慌不择路中作出了错误了选择，当信心和耐心被逐渐消磨的时候，距离最后的目的地往往越来越远。

事实上，等待也是行走的一种状态。因为做任何事情都很难一气呵成地完成，其中有一部分的时间必然要花在休整、分析和判断之上。如果不肯停下来等一等，结果就是永远也等不到自己想要的。

有一个年轻人和女朋友约好了时间在某个地方进行约会，他很早就到达了指定的地点，可是他又没有等待的耐心，逐渐变得烦躁不安，甚至有些气急败坏。在百无聊赖的时候，他开始抱怨自己的女朋友为什么不能像他一样早来，开始抱怨在今天选择约会是多么失败。

就在这个时候，他的面前来了一位老者。"我知道你在此抱怨的理由，"老者接着说，"只要你戴上这块表，当你遇到不愿意等待的事情时，就将时针转动一下，这样你就可以跳过当时的时间，想要跳过多久都行。"

年轻人听到这里异常地开心，在表示过感谢后，他欣然接受了这个神奇的礼物。在老者走后，年轻人试着将时针向前拨动了几个小时，果然他期待中的女友就出现了。见到有实际的效果，年轻人十分地开心，心想，如果现在能与女友结婚该多好啊，于是他继续转动时针，眼前出现的是他与女友一起在婚礼上的场景。接下来，年轻人在飞快的转动中看到了豪华的别墅、名贵的跑车、奢侈的食物……年轻人一圈又一圈地向前透支着自己的生命，到了最后，他发现自己老了，疾病缠身，唯一的等待便是他即将面临死亡的现实。

此时的年轻人非常懊恼：悔恨自己就这样匆忙地走完了自己的一生。万念俱灰的他试着将钟表的指针向回调了一下，奇迹出现了。他突然之间回到了最开始的时间，回到了他女友还没有来的状态。此时，年轻人的焦虑和不安消失了，他开始心平气和地看着眼前蔚蓝的天空，看着周围富有生机的一切，甚至爬到他身边的甲虫都是可爱至极的。

等待的过程其实就是对于人的一种磨炼，是对一个人意志的考验。不愿意静心等待的人，往往在生活中表现得都比较烦躁，无法享受到生命的乐趣，当然也就没有足够的耐心等待成功的到来。

如果说生命是一个过程，非常悲哀的一件事情就是一切不能够重来，最可喜的事情就是它不需要重新再来。在等待的时间里，走过的地方是永远不会再回头的，而在这段等待的时间里，你完全有时间看看周围的花花草草，享受生活，看看曾经错过的风景。何乐而不为呢？

◎ 浮生须偷一时闲 ◎

心是生命中最柔弱、最细腻的地方，却要承载人生几十年的酸甜苦辣，着实不易。常常会听到很多人抱怨生活得不快乐，压力让自己透不过气，想把烦恼统统赶走，却又找不着头绪。

其实，细想起来，或许这种烦和累，并不是来自工作和烦恼本身，而是来自内心。若心境不改变，外在的景物再怎么改变，自己依然还是那个枯燥提不起精神的人；若能够在心境上轻松承受所有，生活就不会令人感觉到疲惫。

试问：是谁非要让我们过得如此忙碌？是谁强迫着我们每天日夜忧思？是我们自己！我们忘了活着要放松一点，忘了在呵护自己容颜的同时也给心灵做个保养。每一个懂得生活、懂得幸福、懂得爱自己的人，都该适时地放松一下心灵，宠爱一下自己，这是一种沉静，一种豁达，一种休假，让平日压抑的情绪得到释放，用全新的方式与外界沟通。放松之后，没有了私心，没有了杂念，一切自然就明朗了。

国王在打猎的时候遇到了一个美丽的女子，便想娶她为王后。女子同意了，但提出了一个条件：每天下午都要给她一个小时的时间，不要问她去哪里，去做什么。国王答应了，女子便和国王一起回到了王宫。

转眼间，10 年过去了。王后把宫里宫外的事情处理得都很好，又给国王生了一对儿女。她一直都很快乐，而且模样还和年轻时一样。奇怪的是，她每天总是在同一时间离开王宫。国王很好奇，他甚至担心王后不是凡人。终于有一天，好奇的国王悄悄地跟踪王后。结果，他发现了一个秘密。

原来，王后每天离开王宫是为了回到森林。她像个孩子一样，在草地里奔跑，玩累了就看看天上的白云，或是玩弄小溪里的水。王后不是什么仙人，也不是巫婆。一小时之后，她又恢复了王后的"样子"，走出了森林。

国王终于知道，王后每天这样做，就是为了放松自己的内心，抛开所有的繁杂念想，这也是她多年来一直保持美丽容貌和快乐的秘诀。

心灵是快乐的根源，当你感觉极度痛苦、压力过重时，当你遇到一些想做又做不来的事时，当你被爱情、生活折磨得喘不过气时，不妨试着放松一下那颗疲惫的心，看看那热闹非凡的城市，到青山绿野中感受一下大自然，你会感觉到，累与不累总是相对的，一切烦恼都是人为的。

人活一世，不过是在漫长的时间轨道里走上一遭，时间不会因为你而停止，周围的一切也不会因为你的烦躁而重来一遍，既然如此，为什么不能给自己创造一个放松的条件，给自己的心灵找到一个归宿呢？浮生偷得一时闲是常态中的幸福，既然身处浮世，那么就要学会给自己的心灵营造一个安然的环境，让你在这里尽情地放松，卸掉一切伪装，快快乐乐地做自己。

生命只有一次，这是很多人常常会遗忘的常识。既然如此，我们实在没有必要折磨自己的内心，过得如此压抑。当然，放松内心也不是说到就能做到，它需要修养，需要一个慢慢练习的过程。紧张是一种习惯，心静也是一种习惯。放松心灵，就要在娱乐时别太计较得失，在工作中学会专注和执着，摒弃过多的私心杂念，遇到事情尽量往开了想。

　　放松，是心灵上的一种释放，它是一种心态，而不是一种活动的形式。很多人喜欢到远方旅行，总觉得要放下工作，要放下一切，离开所在的城市去远方，远离城市的喧嚣才是放松。诚然，这是一种放松，但只是形式上，在心灵上却没有放松，因为你还带着一切"排斥"，一些"压抑"。当你重新归来，或许那种不安分的烦躁又会莫名地涌上来。要知道，生活不缺少快乐，只是我们的心弦绷得太紧，感受不到快乐的音符。

　　生命的质量，取决于每天的心态。如果懂得放松心灵，保证快乐地度过每一天，就能够体验到别人体验不到的靓丽生活，这与身在喧嚣的城市、身在僻静的郊外无关，因为心才是快乐的源泉，心静了，心空晴朗了，人生处处都是艳阳天。

第七辑
从善念看他人，会看见慈悲

惧怕争执，惧怕伤害，很多人对"人际"一词望而却步，但人与人的关系并不是只有尔虞我诈、利益纠葛，还有因沟通而生的理解，因相处而生的乐趣，因扶持而生的感情。

以善意的心灵走进人群，以善意的角度接受他人，你的态度将决定一段关系的发展方向。是友爱还是分歧，往往在你的一念之间。

◎ 敌意来自误解，和谐来自谅解 ◎

人生在世，想要得到理解不容易，但被误解却是异常轻松的一件事。或许一句无心的言辞或者动作，甚至一个没有任何意义的眼神，都可能让别人产生误解。很多人想方设法企图避免误解的产生，但事实上这是不现实的。或许在我们自己看来是一个非常无心的举动，在他人的眼里却充满了敌意。

但这并不代表着你做错了什么，有理解就会有误解，在误解产生的初期，可能会有一时的不满甚至愤怒，但是要始终相信一个信念：做好自己，善待他人。当误解变成理解之后，掌声会从所有人手上响起。不要因为对别人的误解而放任心中的恶魔，宽容一点，换个角度看一看，相信这个世界充满了善意，如此一来，你才能让自己得到解脱，也能为自己赢得友谊。

当然，这并不意味着你要刻意去迎合一个人，而是要有自己的立场，要让对方诚心实意地为自己鼓掌。

在古希腊神话里，有这样一则故事。故事说的是有一个威风凛凛的大力士名叫赫格利斯，他力大无穷，与对手作战从来都是所向披靡、无人能敌。他踌躇满志、春风得意，感觉天下没有人是他的对手了。

有一天，他一个人行走在一条狭窄的山路上，突然，他险些被一个东西绊倒。他定睛一瞧，原来脚下躺着一只毫不起眼的袋囊。

他用力猛踢一脚，那只袋囊非但纹丝不动，反而气鼓鼓地膨胀起来。很久没有被人挑衅的赫格利斯恼怒了，挥起拳头又朝它狠狠地一击，但这只袋囊依然如故，仍迅速地胀大着。赫格利斯暴跳如雷，从身边拾取一根木棒朝它砸个不停。可是这只袋囊好像被施了诅咒一样，他越用力地敲打，袋囊胀得越大，最后将整个山道都堵得严严实实。

赫格利斯累得躺在地上，气喘吁吁，气急败坏却又无可奈何。这时，一位智者走来，见此情景，困惑不解。赫格利斯懊丧地说："这个东西真可恶，存心跟我过不去，把我的路都给堵死了。"智者仔细观察了那只气鼓鼓的袋囊，平静地说："朋友，它的名字叫'仇恨袋'。当初，如果你不理会它，或者干脆绕开它，它就不会跟你过不去，也不至于把你的路堵死了。"

人与人之间产生摩擦、纠葛，甚至误解，都是再正常不过的一件事情。在我们每个人的心中，其实都隐藏着这样一个"仇恨袋"。如果误解得不到消除，就会成为一种仇恨，我们在以后的生活中就像负重登山一样，变得举步维艰，发展到最后，只能将自己前行的道路堵死。

每个人与他人之间并没有天然的仇恨，误会大多开始于日常生活中鸡毛蒜皮的小事情。当遭遇误解的时候，它所带来的负面意义就是把美好的误解为丑恶的，把善意误解为恶意。如果任由误解发展，它将成为人生中一层阴影。

在《丑石》这篇文章里，一块毫无特色的石头就被周围所有人误解。它没有棱角，也没有平面，无法用来垒墙；由于石质太细，石匠甚至无法用它来洗磨。

正如作者描绘的那样："它不像汉白玉那样细腻，可以刻字雕花，也不像大青石那样光滑，可以供来浣纱捶布；它静静地卧在那里，院边的槐荫没有庇覆它，花儿也不再在它身边生长。荒草便繁衍出来，枝蔓上下，慢慢地，竟锈上了绿苔、黑斑。我们这些做孩子的，也讨厌起它来，曾合伙要搬走它，但力气又不足；虽时时咒骂它，嫌弃它，也无可奈何，只好任它留在那里去了。"

但是正是这件人见人恨、看上去一无是处的破石头，却被一位天文学家视为珍宝，原来它是一块陨石，从天上落下来已经两三百年了，是一件很了不起的东西。

正是因为它不是一般的顽石，当然不能去做墙、做台阶，也不能用去雕刻。从本质上说，它不是做这些玩意儿的，所以常常就遭到了一般世俗的讥讽。

当掌声响起来的时候，不仅有支持自己的朋友，还有曾经误解的对手，这样的人何愁不快乐呢？这样连续不断地做下去，慢慢地，你会发现，你与周围的人都能和谐共处，人生的成功也不再遥远。

放下敌意，用善念去看待那些不够善意的行为，虽然可能受到伤害，但是你要相信，你的善意终究会换来平和与幸福。

◎ 他们为什么要说谎 ◎

这个世界上充满了谎言，对于任何人而言，谎言都是不受欢迎的，所以当我们知道别人欺骗了自己的时候，首先会有一种被背叛的感觉，听任这种情绪发展，就成了一种仇恨。但事实上，谎言并不一定都是恶意的，有些时候，我们会发现，爱我们的人基于爱也会说一些谎言，虽然我们受了骗，但当真相露出的一刻心中会是满满的温暖。

从前，在一个病房中有两个病入膏肓的人，他们自知时日无多，每天都在死神的镰刀下度过。这个病房只有他们两个人，靠窗的甲勉强还能爬起身来，从窗户向外望一望，看一看外面的风景，而靠近门的乙行动能力受到了很大的限制，他没有力气走到窗前，就连坐起身都气喘吁吁。

幸好甲是一个善良的人，他每天都会把自己看到的景色绘声绘色地讲给乙听。通过甲的描述，乙知道他们的病房外是一片青草地，还有一大片湖水。每天下午的时候，人们都会到这里来晒太阳，孩子们在草地上追逐、奔跑，他们的家长铺着毯子坐在一边，享受天伦之乐。也有情侣在草地上野餐，有学生在树下看书，还有老人喂着湖中的鸭子……

乙看不到，只能在心里一遍遍地还原着这样的景色。他想，甲实在是太幸福了，自己却没有看到这些景色的能力。

日子就这样一天天地过去了，半个月后，甲再也不能起身给乙讲故事了，因为他的病情加重了，甚至医生已经下了几次病危通知……在一个飘雨的早晨，甲静静地离开了这个世界……甲走后，乙搬到了窗边，他费尽力气爬起来，想要看一看外面那迷人的景色，但他却发现窗外是一堵灰色的墙……

想到甲为自己编织的谎言，乙泪流满面。没多久，这个房间又搬进了一位病人，乙虽然身体不便，但他还是坚持每天坐起来，望向窗外，给门边的病人描述窗外的美景，就像曾经的甲一样。每当看到病友憧憬的眼神，乙就由衷地感到幸福。

在某些时刻，谎言就是一种希望，它能帮人们度过最难以度过的时光和岁月，帮助人们重振信心。

虽然没有人愿意被蒙在鼓里。但是，努力地探求真相真的是一件好事吗？这仿佛是一个伪命题，有真相不去知道，难道要生活在谎言中？但是，生活中终归有一些真相，还是不要知道的好，或者说，在现阶段下还是不要知道的好。

真相有时候是残酷的，残酷到我们无能为力。有些真相，掩饰往往比指出来更有力量。不是每一个真相都能被人们接受，而一旦真相超出了人们的底线，那这种真相就是残忍的。

有一个小男孩 5 岁就不幸得了一种怪病，一只脚要比另一只长出很多，走起路来跛得就像一只小鸭子，经常遭到周围小朋友的嘲笑以及众人异样的眼光。懵懂的孩子哭着问父母自己为什么会这样，是不是永远都这样了？父母忍着泪水骗他说："孩子，这不是病，只要你努力练习走路，经常走就会和别的小朋友一样了。"

小男孩相信了父母的话，一直努力地练习走路。多年的辗转奔波，父母带着他遍访名医，试过各种奇药、偏方，可是小男孩的病却没有一点起色，父母并没有因为伤心欲绝的痛楚而放弃，依旧对治好孩子的病抱有希望。小男孩就这样在父母用善意编织出的谎言里，安心地度过了自己的童年。

直到有一天，一名护士无意中透露出小男孩身体的真相。小孩一下就崩溃了，也不再进行治疗。后来，他一直在轮椅上生活。

假如护士不告诉小男孩身体的真相，或者等到他能够承受的时候再告诉，或者小男孩的命运就是另外一种结局。

真相可以救人于水火之中，也能够给人以致命一击。在心灵深处，人们还是宁愿相信美好和善良的东西。而将血淋漓的现实剖开给人看的时候，那生活的美感就会遭到很大程度的破坏。

所以，当你被骗的时候，先不要冲动，生气，指责对方的背叛，冷静下来想一想，对方编织谎言的目的是什么，若是出于对你的爱，那么不妨原谅他。没有人愿意背负谎言，但若是有人为了你这样做，那么你要相信对方是重视你的，从善念去看待谎言，你会发现一个不一样的天堂！

◎ 每一种关系都始于陌生 ◎

忙碌的我们似乎越来越不快乐了，忧郁和孤独不断充斥着生活。我们为什么会忧郁？为什么会孤独？著名心理学家荣格的观点是："我的病人中大约1/3都不是真的有病，而是由于他们只爱自己，只在乎自己的所得与所失，对周围的一切表现出冷淡、怠惰、不在乎、无所谓的态度。"

那么，我们应该如何做呢？不妨来看一个故事：

在暴风雨后的一个早晨，沙滩的浅水洼里有许多被暴风雨卷上岸来的小鱼。它们被困在浅水洼里，回不了大海了。用不了多久，浅水洼里的水就会被沙粒吸干、被太阳蒸干，这些小鱼都会被干死。

有一个小男孩走得很慢很慢，而且不停地在每一个水洼旁弯下腰去——他捡起水洼里的一条条小鱼，用力把它们扔入大海。太阳炙烤着沙滩，小男孩的汗水不停地流着，腰酸、胳膊痛，但他还是在不停地扔着小鱼。

有人忍不住走过去："孩子，这水洼里有这么多条小鱼，你救不过来的。"

"我知道。"小男孩头也不抬地回答。

"那你为什么还在扔？谁在乎呢？"

"这条小鱼在乎！"男孩一边回答，一边继续拾起一条小鱼扔进大海，

"这条在乎，这条也在乎！还有这一条、这一条、这一条……"

在小男孩的心目中，每一条小鱼都是独立、完整的生命，都有获得同情、关爱和呵护的需要。尽管这么多小鱼他救不过来，可是对于被救的小鱼来说，他的新生不就意味着重新获得了整个世界吗？有什么理由不倾情相救呢？

是啊，"生命诚可贵"，大街上可怜的乞丐们，被抛弃的孩子们，被冷落的老人们，他们难道不是和小鱼一样的生命吗？每个人都需要关爱，我们应该去关爱他人，这样世界才会充满爱！

"相逢何必曾相识"，人与人之间的关爱不是只存在于亲朋好友间，我们应该充满热情地帮助任何一个需要我们的人。爱心，无须用多么高深的语言来阐明，也不必做出一番惊天动地来，完全可以通过点滴小事做起。比如，搀扶一个盲人过马路，去养老院探望孤寡老人，省下几包烟钱对困难家庭的帮助，向希望工程捐献财物……

对许多人来讲，这些都是一些举手之劳的小事，却能使他人感到这个社会的温情。爱心是冬日里的一缕阳光，使饥寒交迫的人感受到生活的温暖；爱心是黑夜中飘荡在夜空中的一首歌谣，使孤苦无依的人感到心灵的慰藉；爱心是洒落在久旱土地上的一场甘霖，使心灵枯萎的人感到情感的滋润。

在一场战争中，一名叫丽娜的普通家庭主妇从报纸上看到，参战的士兵因思念亲人备感孤单、失落，作战士气极为消沉，于是她决定以亲人的身份给他们写信：收信人是"每一位参战的士兵"，落款一律是"最爱你们的人"。信的内容风趣幽默、关怀备至。直至战争结束，丽娜一共寄走了600多封信，她认为自己所做的一切不值一提。

日子一天天过去，转眼间战争结束已经快 10 年了。一天清晨，丽娜梳洗完毕要去上班，打开房门的一刹那，她惊呆了：门口笔直地站着一排排穿戴整齐的绅士。他们每人手里拿着一束玫瑰花，见到她簇拥了上来，齐声喊道："我们爱你，丽娜女士!"丽娜此时像万人追捧的明星，被鲜花和掌声包围住。

原来，在战争结束 10 周年之际，参战士兵联合会进行了"战争中我最难忘的事"的评选活动。所有收到信件的士兵至今都难以忘怀，在那艰难的岁月这些信给了他们无穷的信心和勇气，于是他们决定找到写信人。通过寄出信的邮局，他们知道了丽娜的详细地址，相约来答谢这位伟大的女士。

丽娜的眼睛湿润了，她从没想过，一封封信件居然会让这些经历了战火纷飞、生离死别的老兵们念念不忘，此时的她是幸福的。

爱，真的是一件神奇而美好的事物，它最神奇的一面就是让施爱者能够体会到幸福。当你把爱的阳光传递给别人时，即便微不足道，你的内心也会被阳光照亮。"送人玫瑰，手有余香"，在献出爱心芬芳众人的同时，最幸福、最陶醉的还是我们自己，人性的光辉如日月般升腾于这个世界。

"只要人人都献出一点爱，世界将变成美好的人间。"歌曲《爱的奉献》中这句很流行的歌词表达了人们对爱的呼唤和向往。无论何时何地，我们要爱生命里的每一个人，怀仁爱之心，推仁爱之举，用爱筑起一道坚固的防堤。记住："这条小鱼在乎! 这条小鱼也在乎! 还有这一条、这一条、这一条……"

◎ 朋友间的分歧，不影响交情 ◎

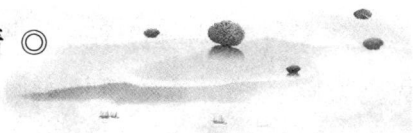

一个永远选择附和另外一个人，意见总是和朋友相同的人肯定不是真正的朋友。世界上没有两片相同的叶子，更不会有两个价值观和性格都完全一样的朋友。真正的朋友能够清楚地看到彼此身上的优点和缺点，并且懂得相互尊重。

友谊的维护不是依靠昧心的赞同和一致，而是依靠双方的理解和宽容。真正的朋友不会将自己的喜好强加于另外一个人，更不会拿自己的是非标准去评判另外一个人的行为。真正的朋友眼中，他们不仅能够欣赏彼此的优点，更能包容彼此的缺点。

一只乌鸦和一只鹦鹉被关在同一个鸟笼里，鹦鹉觉得自己非常委屈，埋怨道："我怎么这么倒霉，和这样一个黑毛的怪物关在一起，它真是丑死了！瞧它那呆板的表情，难听的说话声音，如果谁在早上看它一眼，这一天都会倒霉的。再没有比跟它在一起更令人讨厌的事情了！"

而乌鸦也因为和鹦鹉关在一起而感到不快。它抱怨自己为什么这么不幸，竟然和这样一只百般挑剔的花毛家伙关在一起，并且感到十分伤心和压抑："这家伙怎么穿了这么一身花里胡哨的衣服，简直跟个傻大姐一样，瞧它那丑陋的嘴，居然还说些不知所云的话！吃东西的样子一点儿也不文雅，看见人来就学人家的声音，一副谄媚的姿态，简直令人作呕……"

乌鸦和鹦鹉的争吵似乎永远没有休止，虽然它们共处一个"屋檐"下，但是命中注定它们不能成为好朋友，因为它们不懂得宽容。

形容爱情有这样一句话："世界上没有满分的另一半，只有50分的两个人。"其实，这句话放在友情方面同样适用，你不可能找到一个完美的朋友，什么是完美？合得来就是完美，所以在看别人的同时也要看自己。每个人都是一个个体，你期望对方同意自己的观点，同样，对方也期望你能理解他。既然如此，为什么不能互相体谅呢？

爱情需要磨合，友情同样需要。当两个人懂得互相尊重的时候，距离不会越来越远，只会让情谊越来越浓。

在欧洲文学史上，歌德和席勒的友情长久被人传颂。在二人交往的过程中，歌德非常努力想以自己的地位和名声帮助席勒。歌德不仅让席勒搬到魏玛来住，而且提供各种各样的帮助。这包括先让他借居在自己家，然后帮他买房，平日也不忘资助接济，甚至细微到送水果、木柴，而更重要的帮助是具体支持席勒的一系列重要创作活动。

反过来，席勒也以自己的创作激活了歌德已经被政务缠疲了的创作热情，使得歌德的创作进入了一个全新的阶段。也正是在这段时期里，歌德完成了《浮士德》第一部。

歌德比席勒大10岁。当席勒还是一个小青年的时候，歌德已经名扬天下。作为后起之秀，歌德深为席勒的才华所折服。席勒在21岁的时候便以剧作《强盗》一举成名，接着又写了《阴谋与爱情》等三部风靡一时的悲剧。

文人相轻是文学界的一种恶习，尤其是在席勒成名以后，两人相处不再如从前那样自如了，感情也产生了距离。但是歌德有着十分宽广的胸怀，他非常钦佩席勒的长处——不受周围环境的影响，专心致志努力创作，同时他忘记了席勒的短处——骄傲自满、目中无人。

正因为如此，若干年后，歌德还保持着与席勒真挚的友谊。他对席勒说："你给了我第二次青春，使我作为诗人复活了。"

面对席勒的恃才傲物，歌德并没有感到自己会受到多么重大的伤害，反而放大了席勒的优点，并以此来激励自己。正是依靠着这种对朋友的宽容，成就了两人之间的伟大友谊。既然是朋友，我们就应该放下敌意，用善意去温暖对方，若是对方感受到温暖，自然会回馈给你。

有一位朋友说："我只记得别人对我的好处，忘记别人对我的坏处。"这样的话在很多人眼里却是有些傻里傻气，但是这却让他收获到了很多的至交好友。本着一颗宽容的心，忘记别人的坏处是对别人的宽容，也是对自己的宽容。

◎ 唠叨，或许只是父母的一种生活习惯 ◎

父母常在儿女的面前唠叨个不停："天气凉了，当心身体"、"难得找到一份合意的工作，你要好好干啊"、"听说你找了个对象，带来让家人看看"、"不可以抽烟、喝酒"……年轻人呢？大多数对于父母的唠叨不胜承受，总在三心二意地听着，阳奉阴违地做着，且为此心烦意乱。

曾经看到关于一对父子的故事。

年迈的父亲和儿子一同在花园里乘凉，树枝上一只小鸟叽叽喳喳叫个不停。父亲问儿子："儿子，那是什么？"儿子说："一只麻雀。"过了一会儿，父亲又问："儿子，那是什么？""一只麻雀"，儿子放大了音量。然而，过了一会儿，父亲又问出了同样的问题。"那是麻雀，听到没有，麻——雀！"有些不耐烦的儿子大声喊道。

父亲没有再说话，掏出一本发黄的日记，轻声念道："今天我陪儿子在树下做游戏，一只小鸟在树上叽叽喳喳。儿子兴奋地问我：'爸爸，那是什么？'我说那是一只麻雀。过了一会儿，儿子又问：'爸爸，那是什么？'我又告诉他，那是一只麻雀。也许那只麻雀太可爱了，儿子一直看个不停，于是也就一直问个不停，一共问了25遍。每次我都耐心地告诉他，我希望他能记住。"

听了父亲的描述，儿子泪流满面："爸爸，请原谅我!"

面对生活和工作上的压力，都市人士背负了太多沉重和无奈。有时候父母的唠叨确实让我们觉得心烦，但是小时候我们也曾这样"烦扰"过父母，而父母却不厌其烦地一遍一遍满足了我们。那么，我们是否应该如当年的他们，那么、用心地倾听重复的话，倾听他们心中的声音呢？

唠叨，或许是他们的一种生活习惯，或许是他们对儿女的一种惦念，或许是他们与我们交流的一种方法，或许这是他们认为能为我们做的最直接的事。不管他们的唠叨有多久，每一句唠叨都是为了我们好，是亲情的流露，是情感的释放，是爱的一种表达。所以，我们不应嫌弃与疏远，而应抱着感恩包容之心，理智谦和之态，善待父母的唠叨。

更何况，父母的话语都是经验之谈，是数十年人生积攒下来的人生道理。每个父母都是抱着望子成龙、望女成凤的心态，希望我们少走不必要的弯路。而我们，作为子女，不是应该努力去实现他们的期望吗？古语说得好"有则改之，无则加勉"，只要我们能够努力做好自己，面对生活工作中的种种困难完全能够应付，让父母找不到担心的理由，那么父母就会以我们为傲，唠叨也就不会很多了。

当然，倾听父母的最好方式是听听他们的人生故事，问问他们的一生曾经发生过什么，他们心中有什么愿望，哪些愿望实现了，又还有哪些遗憾等。你知道父母喜欢吃什么吗？这是一个非常简单的问题，但是你能说出来吗？你是否曾经倾听过父母的需要？你是否真的了解父母？

一天，一位小学老师问孩子们："你们知道父母喜欢吃什么吗？"孩子们想了很久都想不出来。老师又问："那父母知道你们喜欢吃什么吗？"孩子们的愁容顿时一扫而空，兴奋地举手说："知道！他们知道我最喜欢吃……"一连串数出十多种。老师又问："为什么父母知道那么多你们喜欢吃的，可是父母喜欢的你们一样也不知道，这样对父母公平吗？"

我们习惯于接受父母的给予，甚至将其当作理所当然，正是这种想法，伤害了父母的心。将心比心，我们应该明白父母对我们的付出意味着什么，基于什么才如此对我们。当父母唠叨的时候，比起心烦，更应该控制自己的情绪，理智地想一想父母为什么会唠叨，是不是我们做的事情让他们担心，抑或是我们忽略了他们的感受。

比尔·盖茨曾说过："在没有你之前，你的父母并不像现在这样乏味。"的确，在没有我们之前，父母有自己的梦想，因为我们的出生，他们不得不去拼搏，不得不去放下心中的梦想。父母也渴望着孩子的关心，他们一生的艰辛希望有人倾听，他们的心结也需要有人纾解，当他们感到真正被倾听和了解了，心中就会平静、幸福了。

在电影《心灵点滴》里，医学院实习生帕奇接收了一位名为甘乃迪太太的病人，她整天郁郁寡欢，连续三周都不肯吃东西，无论儿女如何央求，无论医师如何劝解，都无法说服她进食，直到帕奇的出现。帕奇认为医院冷冰冰的机械会使病人感到孤独无助，他试图了解每一个病人的内心。

当帕奇问甘乃迪太太有什么愿望时，老太太有些害羞地说："我从小到大最大的一个愿望，就是在装满意大利面条的水池里洗澡。"别的医生都觉得这无比荒诞可笑，但帕奇立刻组织人员布置了一个放满了意大利面条的充气泳池，老太太在里面痛痛快快地圆了"在面条温水泳池游泳"的美梦，之后她终于开始吃东西了，而且她的生活重新充满了微笑。

相信，每个父母都希望拥有像帕奇一样的儿女。

来吧，试着倾听父母的唠叨絮语吧。与父母好好地交流一次，让他们说说自己的心声，听听他们心中的独白，好好了解一下，一点一点进入他们的世界，这是给父母最好的礼物。你会发现，这足以让他们喜笑颜开，而且他们心底的声音会是人间最美的天籁之音，平凡的日子陡增了动人光彩……

◎ 至远至近，来自内心的沟通 ◎

生活中，这样的情景经常可以见到：在办公室紧张地工作了一天，回家后还听到爱人滔滔不绝地在耳边讲述他（她）在工作中发生的各种事情。这时候，勉强听下去会让自己觉得很心烦，而失去耐心又会导致争吵，甚至影响夫妻感情。忽视了倾听也就阻碍了沟通，这在婚姻里是最要不得的。

生活中难免会遇到不开心和不顺心的事，特别是在婚姻生活中，夫妻俩因为某些事存在着不同看法和意见的事，几乎每天都在发生，如果双方总是怒火冲冲，以吵架的方式来解决，那生活真是乱了套，也就没什么幸福和快乐可言了。

有一对夫妻已结婚 10 多年了，他们之间偶尔发生争吵，但这一次吵得很凶，其实也不是什么大事，只是因为洗衣服的事情。那次丈夫洗衣服忘了搜口袋，面巾纸被水泡烂了，结果妻子只穿过一次的运动服上沾满了白色的纤维。

妻子立马把运动服拽下来，找丈夫算账。

丈夫满不在乎地说："没事，你重洗一遍就好了。"

"根本洗不掉。"

"那就重新买一件。"

"你是大款吗？为什么洗前不看看？说过多少次了，你为什么不听？你根本就是应付，一点爱心和责任心都没有……"妻子越说越气，从洗衣服说到做饭，从做饭说到买菜，总之连几年前给女儿洗尿布没洗干净的事也翻了出来。

丈夫一怒之下，把那件衣服夺过来，给扔到了地上。见丈夫不仅不安慰自己，还胡乱发火，妻子开始收拾衣物，并扬言要离开家。虽然这么说，她的动作却是迟缓的，她希望丈夫能主动求和，但丈夫什么也没说，什么也没做。

妻子失望了，真的离开了这个家，去了娘家，一住就是一个月。其间，她想给丈夫打电话，但她想："他是男人，要先打给我！"于是，僵持继续着。悲剧终于发生，丈夫提出了离婚。

事例中，这对夫妻因为一件洗衣服的事情，而导致了双方之间一场不愉快的争吵，又因为谁都不愿意让步，最后失去了婚姻，丢掉了幸福。想想真是让人感慨万千，为其不值。

事实上，生活琐事很难评出对错，婚姻里哪有绝对的对与错？走在一起的两个人，性格、价值观和生活方式上难免都会有所差异，在某些事上存在不同看法和意见。只要不是原则性问题，何必和自己亲爱的人生气呢！

从另一个角度来看，其实很多夫妻之间出现问题多数是因为对彼此的误解。世界上最亲近的两个人，心的距离却那么远，这件事不是太悲哀了吗？没有什么解决不了的障碍，只有不愿意跨越障碍的两个人，在婚姻生活中，最缺少的实际不是低头，而是沟通。

刘珊是一个非常幸福的女人，她和丈夫结婚6年了居然还甜甜蜜蜜如同新婚夫妇一般，这真是让人羡慕，于是朋友们纷纷向刘珊询问婚姻保鲜的秘诀。刘珊说："我哪里有什么秘诀呢？我们之间只是多了一个约定。"

朋友们好奇地问："条约？不会是财产划分吧。"

"不是，"刘珊笑着摇摇头说，"刚结婚时，我老是一个人喋喋不休地说，不想听他说什么。后来，等他真的不再说什么时，我一个人再说话也就没有意思了。下班回到家，两人你看你的杂志，我玩我的游戏，就像陌生人一样，各干各的，互不干扰，当时觉得婚姻生活太没有意思了。"

"后来，"刘珊顿了顿，继续说道，"我们觉得婚姻不应该是这样的，于是便有了一个约定，即无论工作多忙多累，都要留出半小时和对方说一下自己当天经历的一些事情，自己的想法。这些年里，我倾听他，他倾听我，我们对彼此更加了解，不仅很少出现矛盾，而且感情越来越深厚。"

诉说和倾听，是彼此的需要和被需要，是彼此在对方心里都不能或缺。因为聆听才能了解，随着真诚实意地倾听，爱人的世界就此朝你敞开，他（她）的生活经历、喜怒哀乐、心理活动、私人秘密等你都了如指掌，这是一种"知己知彼，百战不殆"的境界，如此婚姻中还有什么问题不能解决呢？

当你遇到高兴的事情，或者当你在工作或是人际关系中受挫时，你在第一时间最想告诉谁？你回答完这个问题后，再去问你的爱人。如果你们的答案分别是对方，那么请好好珍惜这一份爱。如果你们的答案曾经是对方，那么就要好好想想，你们为什么失去了彼此诉说和倾听的机会。

一对夫妻历经磨难才走到一起，结婚一个月却开始了吵架。原因是男人总是喜欢从牙膏中间挤牙膏，而女人却认为一定要从牙膏的尾部挤牙膏，两人谁也不肯让步，为此时常爆发争吵，于是他们决定分居。

分居的日子里总是难耐的寂寞，他们明白其实彼此依然深爱着对方。只是他们都非常好强，谁也不肯向对方低头，就这样，他们分居了一个月。最终，妻子提前准备了烛光晚餐，准备向老公妥协，挽救他们的婚姻和爱情。

正当妻子正在做老公最爱的红烧螃蟹时，忽然看到一只蟑螂从她脚下窜过，妻子并没有多害怕，但她灵机一动，拿起电话拨通了老公的号码："喂！亲爱的，你赶快回来，家里有只蟑螂，我快被吓死了。"那边的老公只一句"遵命！"便立即赶回了家。

两人吃着烛光晚餐时，妻子主动向丈夫道歉，而后她不再管丈夫是怎么挤牙膏的，有时干脆每天早上给他挤好牙膏，而丈夫也自觉地开始从牙膏的尾部挤牙膏。就这样，两人不再争吵了，他们的爱情复活了，婚姻复活了。

每个人都渴望得到别人的关注。如果高兴，希望全世界的人都来分享；如果悲伤，希望有人来问候："你怎么啦？遇到什么不好的事？"爱人之间最重要的责任并不是让对方吃饱、穿暖，不饿着、不冻着，而是让对方的心灵感觉安全和温暖。这并不需要我们做很多，沟通就是最好的方式。

事实上，几乎每个人遇到什么高兴或烦恼的事后都有一份渴望，那就是希望能和爱人分享自己的情绪，渴望得到爱人给予的首肯和评价，理解和支持。有不少人认为，和爱人倾诉，交流感情，谈论诸事，是一种彼此信任、亲密无间的表现。而倾听，就是分担彼此的脆弱和痛苦，就是彼此关爱，相濡以沫。

奔波在都市生活中，我们已经活得很累了，不管是男人还是女人，都不容易。如果真正爱对方，想要跟对方一起幸福地生活下去，就要尽可能地去承受婚姻的压力，就要和对方站在同一战线上，多沟通，多体谅彼此，以这个家为中心，不要再想着我行我素，这样你们的生活才会越来越甜蜜。

记住，夫妻之间不是敌我矛盾，低头才能温润彼此脆弱的心。

第八辑
从乐观看未来，会看见希望

现状的不完美让我们心事重重，通向未来的路总让我们忧心忡忡，眼前的困难已经让人沮丧，明天如何又不在把握之中——悲观的情绪就这样弥漫，让我们更加看不到出路。

条条大路通罗马，只要换个角度，换个方式，换个心情，我们依然可以看到希望的所在。什么事都难不倒乐观的人，因为向上的心灵总是充满力量。

◎ 找到那个盒子 ◎

在希腊神话当中，一个名叫潘多拉的女孩打开了一个尘封的盒子，于是贪婪、忌妒、痛苦、虚无等东西都跑了出来，流落到了人间，因为感到害怕，她关闭了盒子，这样盒子中就只剩下了一样东西，那就是希望。

生活就像一块七色板，不同的颜色寓意着不同的味道，有成功的喜悦，追梦的艰辛，挫折的痛苦，孤独的寂寥，拥有的幸福……它们构成了五彩斑斓的生活，但在这种种心情的背后，都有着一个共同的基调，那就是希望。

其实，生活就像是潘多拉魔盒，你看到的是什么，你的生活中就充斥着什么。当然，这不是你眼睛所见，而是你心灵的筛选。若你看到的是被潘多拉释放出来的痛苦、贪婪、忌妒，那么你的生活中就充斥着尔虞我诈；但若你守护着潘多拉魔盒，那么你的生活就充满了希望。

生活离不开希望，离不开期盼，离不开寄托。对于双目失明的海伦·凯勒来说，她设想着自己假如和正常人一样，或者哪怕只能看到三天光明，她将干些什么？在这份期待的支撑下，她写下了散文代表作《假如给我三天光明》，感动了亿万心灵。

每个人，都该学会经常给自己一个希望，哪怕只是一个小小的期待和盼望，它会让你的心境和从前大不一样。当一个人的心中有了希望，有所期待，有所追求，才会觉得人生充满意义。希望会在你疑惑不解的时候告诉你答案，为你指引方向；希望会在你迷茫无助的时候向你伸出一只手，拉着你走出人生的困顿旅途。

刚刚到澳大利亚读书的时候，她为了减轻家里的经济负担，空闲的时候总是骑着一辆旧自行车去找工作。服务生、洗碗工、送报纸，她都做过。

某日，在给人送报纸时，她无意中看到报纸上刊登了澳大利亚某电信公司的招聘启事。起初，她心里有很多顾虑，自己的英语说得不够地道，专业也不太对口……尽管如此，经过一番思想斗争的她还是决定试一试，应聘了线路监控员的职位。一轮又一轮的面试之后，她离那个年薪3万的职位越来越近了，可这时候招聘的主管却给她出了一个"尖锐"的难题："你有车吗？你会开车吗？"

原来，这份工作需要经常外出，没有车简直寸步难行。在澳大利亚，公民普遍都拥有私家车，没有车的人非常少。这看似平常的事情，对于她这个初来乍到的留学生而言，显然是无法实现的。可为了争取那份极具诱惑力的工作，她不假思索地回答："有！会！"

招聘主管说："好。那么，三周以后，开着你的车来上班。"

三击时间，买一辆车，开车上班？谈何容易。为了生存，她豁出去了。先是找朋友借了500澳元，又从旧货市场买了一辆外表丑陋的小汽车。她白天去考驾照，晚上抓紧时间练车，三周后，她竟然真的驾车去公司报到了……时至今日，她已经成了那家电信公司的业务主管。

女孩在面对棘手难题时的那份淡定，不得不让我们佩服。很多事情尽管不那么完美，甚至面临着各种麻烦，可她它依然不忘给自己留下一份希望去努力。

若是面临这样的情况，女孩感到绝望，那么就没有了后续的故事，正因为她抱着希望去看待这件事情，才会为此而努力，最终获得成功。

一位作家曾经说过："希望是依附于存在的，有存在，便有希望，有希望，便是光明。"希望是激励我们前进的巨大的无形动力。生活并不是一帆风顺的，我们无法控制机遇，却可以掌握自己；我们左右不了变化无常的天气，却可以调整自己的心情。只要每天给自己一个希望，人生就不会失色。

有人说，希望就像一朵娇艳的玫瑰，芬芳是淡淡的，但寓意着祝福，弥漫在我们的生活中；有人说，希望就像一本厚厚的书，在时光的推移中让我们不断地翻阅。每个人的心里都该留一份希望，是麦穗，就该有金色的梦想；是种子，就该有绿色的希望。有所期待的人生，才不会黯淡无光；守住心中的希望，生活才会变得更美。

希望，真的不需要多么远大的理想和目标，它可以很小，哪怕只是平常日子里的一个小小心愿，一份小小的期待。比如，下班后独自到一家心仪的咖啡馆坐坐，享受一下难得的悠闲；周末约个朋友去喝茶，惬意地聊聊天；下个月为自己报一个有兴趣的培训班；年底为自己安排一次长途的旅行。

我们大都是芸芸众生，希望也就是这样平淡的满足，从容的期盼。尽管在别人眼中，它们可能微不足道，但对于自己的生活而言，却可以平添许多快乐，它们值得等待，这份等待的喜悦才是最难能可贵的。

从现在开始，在每天晚上睡觉之前，想象一下你渴望的生活，想象一下你渴望成为的自己。在有了对幸福的美好期盼后，还需要有一份勇气和耐心，不管明天是晴空万里，还是暴风骤雨，都要执着且淡定地走下去，并且时刻提醒自己：这是一条通往幸福的大道，虽然路途遥远，但是希望永远会为我们护航。

守住自己的魔盒，不要去看盒子外面那些东西，那么你的人生便充满了美好，你的心灵也将得到净化。

◎ 用心灵的清甜之泉化解苦难 ◎

"堵车了！真倒霉！全勤奖没了！""饭里有沙子！怎么做的饭呀？""踩到我的脚了！长没长眼睛！""这家店比那家店贵 5 毛钱，真是吃亏死了！"……这一类的抱怨，我们每天都在听，甚至每天都在说，伴随抱怨的是满腔的怒火，满脸的不快，觉得生活简直是一团糟。

但其实，你不过是被消极情绪困住了而已，你眼中只有这些不好的事情，生活中自然就充满了不快。但若是你能够看见让自己快乐的事情，你的人生就快乐多了。我们的心灵是一个庄园，里面有清甜的泉水，只是很多人更注重于苦难，让这个泉水干涸了，若是你能够用清甜的希望之泉浇灌庄园，那么苦难就会被希望化解。

山里有一座寺庙，寺庙里有个高僧，法相庄严，心怀慈悲，不少信徒都来山上找他倾诉烦恼，他每天都要悉心开解这些信徒，但是，不论他如何开导，这些信徒依然烦恼不断，这个烦恼想开了，那个烦恼又来了，他们总是在抱怨："为什么我这么倒霉，为什么别人的生活都那么顺利？"高僧认为这样下去有害无益，就想了一个办法。

这天他把信徒们全都招到大殿，给他们每人一张纸条，让他们把自己的烦恼写在纸上，信徒们拿起毛笔，写个没完没了，高僧在旁点了一根香，耐心等待。等信徒们都写完，他把那些纸条收走，随手团成纸团，放在佛案上。

"现在，你们每个人去抽一个纸团打开，看看要不要把自己的烦恼和抽中那个人对换。"高僧说。

信徒们依次上去拿了纸团，打开一看，全都愁眉紧锁，然后像是松了口气，最后他们齐声说："我们还是不换了，本以为我是世界上最倒霉的人，原来别人的烦恼比我还多！"

大千世界，芸芸众生，烦恼是不可回避的话题。每个人或多或少都会认为自己很倒霉，的确，每个人的人生都不能圆满，总会有些缺憾让人悲叹：儿女双全却父母双亡；知书达理却形象欠佳；事业有成爱情却在低谷……

烦恼一旦生根，就会生长，最初一丁点小问题，越想就越觉得严重，越想就越是不顺心，恨不得这烦恼马上消失。可是，能称为烦恼的事，恰恰没那么容易消失，所以人们经常与烦恼大眼瞪小眼，看着它越变越大，最后成了心头一块大病。

烦恼是会繁殖的，你越介意它，它就能得到越多的养料，不断繁殖，但若是你能注重希望，那么这些烦恼就会饿死。没有什么苦难是要面对一生的，只要你将注意力转移，多看看生活美好的一面，你的世界便能充满阳光。

一个小和尚心头常常被各种烦恼占据，他为此焦虑不安，夜不能寐，他觉得他受了很多苦：自幼父母双亡，被亲戚扔到佛寺；没有受到父母的关怀，却经常被凶恶的和尚们恶语相向；饭没吃多少，每天却有干不完的活……有一天，他找到寺院的住持，诉说自己的不幸。

住持并没有安慰他，反倒说："谁又是幸运的呢？你以为别人没有受过你这样的苦？也许他们比你还不幸。"

"那么，他们到底是如何熬过的呢？"小和尚问。

住持让小和尚端来一杯清水，他在清水里放了一勺盐，命令小和尚喝一小口，然后问他："咸吗？"小和尚皱着眉说："又咸又苦！真难喝！"

住持又带小和尚去了寺院后的湖边，将那杯盐水倒进湖水里，又舀了一杯递给小和尚。小和尚喝下后，问他："苦吗？"小和尚摇摇头："不苦，甜甜的！"

"你看，这就是方法。"住持微笑着说。

化解苦难的，只有心灵的清甜。抱怨的源头究竟是什么？是愿望没有得到满足。那不抱怨的人又是什么样？即使愿望没有得到满足，他们首先想到的是宽慰自己胜败无常，不必介怀；或者仔细想想苦难的原因，想想如何做才能改变现状，让自己能更如意一些。如果你的心灵始终如湖面一样平静无波，如果你懂得增加心灵的广度，你的心灵的容量就会越来越大，因为感触足够多，一点小小的烦恼根本不会触动你的神经。

如果你的心灵足够清甜，再多的苦都不能改变你的笑脸。与其生闲气，不如做正事，就像咖啡太苦的时候，你应该做的不是拼命抱怨，而是快点加几块方糖。苦水只会越吐越苦，还不如把它放进更广的水域，让它渐渐稀释。

人生并不是一次愉快的旅途，随着年岁的增长，你将逐渐遭遇生老病死、亲人离世，这些都需要你有坚强的承受能力。从现在开始学着达观，一颗乐观的心，将是你人生最好的伴侣。

◎ 背对太阳，只能看到阴影 ◎

希望和绝望之间，只有一步之差，有时，甚至只是一个方向问题。就像沐浴在阳光中的你，背对着阳光，你就只能看到阴影，面向阳光，你就会看到希望。

身处沙漠之中捡到半瓶水，悲观的人感叹只有半瓶水而郁郁寡欢，乐观的人却为仅有的半瓶水欢呼雀跃；漫漫无边的黑夜里，悲观的人看到的是难耐的恐惧，乐观的人却看到了明天即将升起的太阳……一样的处境，不一样的心境；一样的际遇，不一样的人生。

相传，苏格拉底年轻的时候，与几个朋友租住在一间小屋子里，尽管面积只有七八平方米，连转个身都困难，可苏格拉底并不发愁，一天到晚都是乐呵呵的。

有人问他："你为什么每天都那么高兴？"

苏格拉底说："我为什么不高兴呢？和朋友们在一起，随时可以交流思想，增进感情。这难道不是一件幸福的事吗？"

后来，他的朋友们陆陆续续都结婚了，先后搬离了小屋子，只剩下了苏格拉底一个人。没有朋友陪伴的他，依然每天笑呵呵的。

那人问他："朋友们都走了，你不觉得孤单吗？"

苏格拉底笑着说："没有朋友还有书啊，每天与它们相伴，每时每刻我都能够充实思想。有这么多的'老师'，我怎么会不高兴?"

再后来，苏格拉底也结婚了，他离开了小屋，搬到了一栋七层的高楼里。可是，他家住在最底层，经常会有人从楼上倒脏水下来，一些老鼠、臭袜子、破烂衣物等垃圾也时常出现在他家门口，在如此杂乱喧闹的环境里生活，苏格拉底不生气、不着急，和过去没什么两样。

那人又问："你不嫌这里脏、乱、吵吗?"

苏格拉底说："你看，一楼多好呀! 进门就是家，不用爬楼梯。朋友们来玩，一下子就可以找到，而且搬东西也很方便。外面还有一块空地，种上一点花花草草，不是很好吗?"

又过了一段时间，苏格拉底的一位朋友找到他，他的家里有位偏瘫老人，上下楼不方便，想借住苏格拉底的家。苏格拉底很痛快地把一楼的房子让给了朋友，自己搬到了顶楼。

那人问道："现在，你说说住在顶楼有什么好处呢?"

苏格拉底说："每天上楼下楼可以锻炼身体，多么好的锻炼方式啊! 顶楼的光线也很好，有利于看书写字，最好的是没有人在头顶干扰，不管白天、黑夜都很安静。"

最后，那人疑惑地看着他，说："你为什么走到哪里心情都这么好?"

苏格拉底笑着说："决定一个人心情的不是环境，而是心境。"

幸运的人为什么会一直幸运，倒霉的人为什么总觉得倒霉? 开心的人为什么一直开心，郁闷的人为什么一直郁闷? 苏格拉底无疑给出了最好的答案: 决定一个人心情的不是环境，而是心境。

乐观的人亦是如此，他们会像向日葵一样，眼睛永远追着阳光，这样一来，不管身处何方，他们都能为自己找到方向，为未来找到希望。身处贫困之境时，一箪食，一瓢饮，在陋巷，人不堪其忧，回也不改其乐；身处喧嚣之市，心远地自偏；身处混浊之境，出淤泥而不染，濯清涟而不妖。他们深知，顺境、逆境都是人生，心境决定处境。

一个年轻人听说远方有一处景色异常迷人，不远万里地去了那里。刚刚落脚，便碰到了当地的一位老者。年轻人问老者："这里的景色如何？"老者没有直接回答他的问题，而是反问道："你家乡的景色如何？"年轻人回答说："一点都不好。我讨厌那里。"老者说："那你赶紧离开吧！这里和你的家乡一样糟糕。"

后来，又有一位年轻人来到这里，问了同样的问题。老者依然反问年轻人，年轻人回答说："我的家乡很美，有我思念的家人，还有我儿时的玩伴，那里的山山水水、一草一木都让我怀念……"老人说："这里和你的家乡一样美。"

旁人对于老人先后不一的回答感到莫名其妙，便问及原因。老者说："一个人在寻找什么，就能够找到什么！"

当你总是在追求美好时，你的双眼看到的都是美好，你总是在寻找黑暗时，那么黑暗就会一直包围你。佛经中有一句妙语：心恼故众生恼，心净故众生净。心境常常决定着处境，心想事成并不难，幸福快乐也不难，只要把自己的内心调整好，一切都会顺利。真正的快乐是内心的快乐，真正的幸福是内心的幸福。给内心一片安宁之所，自然会滋生、养育出种种快乐和幸福。

纷繁的世界里，难有完美的人，难找完美的环境。谁的人生都会有黑夜与黎明，都会有起伏跌宕，如果一味地让心沉浸在黑暗中，即便黎明来了也感受不到。如果心中有绿洲，那么即便身在干枯、一望无际的沙漠，也一样能够看到绝佳的风景。

同样是活着，为什么不活得快乐一点？同样要走下去，为什么不笑着走呢？收起脸上的愁云，以阳光的心去生活，你就会成为一生与幸运相伴的人。

◎ 告别沮丧，迎接成功 ◎

对于有些人而言，生活就是艰难的代名词，每当他们觉得黑夜快要过去，黎明将要来临的时候，很可能就会被命运戏耍一次。在成功之前遭受打击，没有比这更沮丧的了。在这些挫折面前，我们自责、抱怨命运，然而事情并不会发生什么改变。

其实，沮丧这件事情最可怕的地方在于我们会不断地重复这种情绪，进而形成一种恶性循环，让我们的生活一直沉浸在沮丧之中。这种情绪吞噬我们的乐观和希望，让我们对自己产生不满、怀疑，做事缩手缩脚，再也不敢面对其他事。

一个女孩从小就喜欢足球，她很想加入足球队，但是，她个子矮，四肢纤瘦，根本不像个运动员的料子，没有教练愿意收她。最后，她求一位教练说："哪怕让我在球场外捡球,每天打扫球场我都愿意,只希望你让我加入。"她的诚心让教练感动,终于让她进了足球队。

加入球队以后,小女孩照自己说的那样,做一切力所能及的事,每一天打扫训练场上的垃圾,还帮队员们处理各种杂事。当教练带着队员们训练时,她就坐在候补席上,一字不漏地听。每天运动员们走光了,她就带球进行训练。教练看她这样努力,有时也会在不重要的比赛上让她出场,但是,每次她的表现都很差。

女孩也怀疑过自己,认为即使这样坚持下去也没什么意义,但她思来想去,觉得自己还是非常喜欢足球,没办法放弃。于是她继续坚持,用更多的时间刻苦训练,终于有一天,在一场重要比赛上,教练让她作为替补出场,她在众人惊讶的目光中,踢进制胜的一球,让所有人刮目相看,她也从此成了球队的正选球员。后来,她更是再接再厉,成了一名出色的球员。

每个人都曾因失败而沮丧。辛辛苦苦地付出,换不来想要的结果,甚至使所有的努力白费,这样的事实怎么能不让人郁闷?而且,失败是对一个人能力的最大否定,直观又有说服力,不能不让人对自己产生怀疑:我适不适合做这件事?我真的有成功的能力吗?

想要获得认同感,是每个人的心理诉求,关系到个人的尊严与骄傲。失败却毫不留情地将这种骄傲打倒,让你得到他人的同情或者嘲笑。这个时候,自己看着自己也会觉得无用。特别是鼓起勇气继续尝试,得到一次又一次的失败时,那种气馁的感觉,足以压倒一切自信,排山倒海,让人想要马上逃离,选择另一条路。

行百里路半九十,很多人就是在失败的打击下,放弃了可能属于他们的成就。所以，我们应该多拿出一些韧性和乐观，与未来相比，失败并不是一件大事，它只是成功必须经历的过程。只要你确定你选的道路适合你，即使最终的结果仍然是失败，至少你不会因为放弃而后悔。任何结果，都好过没有尽力尝试。

在同一块石头上跌倒三次的人纯属傻瓜，如果这句话属实，那贾楠承认自己是个大傻瓜，他在同一块石头上已经不知跌了多少次，而且不知还要再跌多少次。

贾楠在一所大学学习化学，因为能力不错，他大二的时候就被老师选为助手，参加一些大型实验。贾楠做的工作都是基础工作，他是有心人，在帮助老师的同时，自己也在学习，也在试图创造，他一直想按照自己的想法做实验，得到结果。

假期的时候，他没有回家，留在学校的实验室，他想在无人的实验室实践他的想法，于是，他进行了一次次的试验，观察一排又一排的试管，修改一次又一次的数据，却总是达不到他想要的效果。他也和老师讨论过，老师建议他不要好高骛远，先把该学的东西学好，再去研究高深的东西。

这一天，老师特意找他谈了一次话，干脆地告诉他：以他现在的能力，研究的方向又是偏的，根本研究不出结果，如果再继续下去，还会耽误现在的学业。老师语重心长地对他说："执着是一件好事，但为错误的事情执着，是对生命的浪费。"贾楠认真思考了老师的话，再一次重新审视自己的研究，终于承认，自己的大方向的确出现了错误。

为错误的事执着，带来的不仅是一时的失败和沮丧，有可能一辈子都会在失败的阴影中徘徊不前，所以，在坚持的同时，也要有足够的清醒，确定自己做的事究竟有没有前途。不要把宝贵的时间花在一件毫无指望的事上。尝试过，确定没有希望，就要勇于放弃。否则，你就会被现实中的沮丧打倒。

放弃不等于失败，而是一次重整旗鼓的机会。比起错误的执着——一种成为惯性的执着，放弃更需要勇气和魄力。当你确定自己选定的生活已经到了必须改变的时候，当你确定接下来的路走不通，当你为一团乱麻似的生活郁闷，是时候检讨一下你的选择，承认自己错误并不是一件开心的事，但一条道走到黑更不明智。

不论你因为失败而沮丧，还是因为错误的执着而忧虑，都应该在叹气的同时，想想生命的另一种可能——成功的可能、改弦更张的可能。只有心中有希望的人才能从一时的失败和错误中看到转机，因为这样的人会把事情往好的方面想，他们知道，生活没有一定之规，人必须走在适合自己的道路上，在找到这条道路之前，一切错误都是尝试；在选择这条道路之后，一切失败都是代价。

◎ 对自己说"我是最棒的" ◎

很多时候我们被告知要客观地看待自己。那么怎样看待自己才算客观呢？要是自视过高，就容易被误认为傲慢，那就将自己看低一点吧，这样在别人眼中或许就是谦虚。殊不知，正是这样的想法害了自己，很多人因为自己贬低自己而变得越来越自卑。

其实，我们更需要高看自己一些，这样我们会获得更多的动力。在做任何事情之前，如果用积极的心态暗示自己，便能将我们的潜能一点一点激发出来，要知道，我们每个人的身体里都有一股神奇的力量。所以说，我们要为此而更加自信，让这股力量激励我们与自己的目标相配合，从而主宰我们的命运。

反之，如果我们用消极的心态进行自我暗示，我们的潜能便会自动隐匿在身体的某个角落，永远不会出来，那么神奇的力量自然就得不到发挥和利用。总之，积极和消极这两种不同的心理暗示，对我们的思考和具体行为会造成不一样的影响。

有个小女孩，她的左额头上有一块小伤疤，她常常为此感到自卑，于是，她很不愿意和别人做朋友，也不愿意和别人打招呼，每天心里都很低落。

一天，她的妈妈送了女儿一只漂亮的发卡，并且告诉女儿这个发卡正好挡住了那块伤疤。女孩对着镜子一看，果然如此，于是，她立刻觉得自己漂亮了很多，就这样，高兴地上学去了。就在家门口，她刚出门就和对面来的人撞上了，但是，她笑着主动对人家说"对不起"。

可以说，在这一整天里，小女孩一想到自己头上的发卡已将那块伤疤挡住了，就十分开心，她主动和同学们打招呼，与此同时，她在课堂上还很认真。

"妈妈，你送给我的这个发卡实在太神奇了！我今天感觉很好，从来没有过这样的感觉。"回到家里，小女孩便兴奋地和妈妈说。紧接着，她又告诉了妈妈当天在学校里发生的一切。

妈妈愣了一下，说："你能有这样的改变真是好事，不过，女儿你今天并没有戴这个发卡啊，早晨你走后，我在门口捡到了它！"

小女孩的故事告诉我们这样一个哲理：一个人完全可以由不自信转变为自信，其中能起重要作用的则是以积极的心态进行自我暗示。正是挡住伤疤的那个发卡，让小女孩一直想着自己不再是那么丑陋，从而也让自己增加了自信，随之，身边的一切人和事也都跟着变得美好起来。

如此看来，要想提高自己的自信心，应先让自己有一个良好的心理状态，再积极地进行自我暗示。古往今来，凡是获得成功的人们，对"自我暗示的神奇力量"都了如指掌，也善于运用，而那些总是失败的人们，却根本不懂得自我暗示的不可或缺性。

在拳王阿里小的时候，他的家人给他买了一部自行车，于是，他每天都骑着它出游，每天过得都很开心。

一天，阿里将自行车存放在了警察局门口，但是没给它上锁，没想到，等他出来以后，新车却被人偷走了。正当他为此烦恼的时候，他的警察朋友提出教他拳击，并对他说："以后，你每遇到一个拳击对手，你就不妨将对方当成是那个偷车之人。"

后来，在每次拳击比赛中，阿里就是在这样的自我暗示中越战越勇，后来如愿获得美国乃至世界的拳击"冠军"称号。

另外，值得一提的是，阿里在每次比赛前，都会对着镜头喊："我是最棒的，我是不可战胜的，我是冠军!"

实际上，阿里就是运用了心理学中的自我暗示技巧，并且运用得很成功，他始终相信自己身体里存有一股别人无法战胜的力量，正因如此，他才取得了一个又一个辉煌。

其实，生活也是一样。不管是喜还是忧，不管是顺境还是逆境，我们都要乐观自信；无论生活给予了我们什么，我们都要学会不断地运用积极的"自我暗示"，始终坚信自己有一股潜在的力量，只有这样，我们才能最终如愿以偿，有所成就。

我们不妨从即刻起，每天抽出几分钟的时间，将自己全身心放松下来，然后积极地暗示、疏导自己——"我一定能行!""我今天心情非常好!""我一定能够克服这个困难!""我是最棒的!"……这样一来，我们身体里的那股神奇力量便会联手我们的实际行动，从而打造出我们与众不同的"神奇"!

◎ 雨中狂奔还是雨中漫步 ◎

对于人们而言，困境是需要战胜的，在困境面前，很多人选择了面对，但是有些人在面对的时候却被焦躁占领了内心，不知该从何入手，只知前进，却不知如何前进。聪明人会懂得欣赏磨难，用乐观来看待磨难，这样一来，任何困境都成了一种挑战，激起人们奋进的勇气。

困境当前，不要着急，漫步雨中，有时也别有一番滋味。

夏天，天上下雨了，两个人都被淋湿在雨中。一个人说："赶紧跑吧。"另一个人却仍然不紧不慢地在雨中行走。另外一个人好奇地问道："你怎么不跑呢？"那个人说："既然衣服都已经被淋湿了，往前跑前面也是在下雨，还不如好好享受雨中的感觉呢？"

这是一个飞速发展的世界，人们的心里也变得越来越急躁。面对别人的责难，我们恨不得马上冲过去与人决斗；面对成功道路上的挫折，恨不能马上就一劳永逸地解决。但是心急从来就不是解决问题的最好办法。成功者为什么能够成功，其中非常重要的一条就是在问题面前镇定自若，有泰山崩于前而面不改色的气魄。

饭要一口一口地吃，路要一步一步地走，所有试图快速解决问题的方案到头来都会证明是一场闹剧，要想成功，必须要沉下心来一点点分析问题。

很多人知道齐白石是著名的画家，但是很少人知道齐白石对篆刻也有着很深的造诣。但是他的这种造诣并不是天生就有很好的天赋，而是经过了非常刻苦的磨炼和不懈的努力，才把篆刻艺术练就到出神入化的境界。

齐白石在年轻时就特别喜爱篆刻，但自己的篆刻技术总是达不到令自己满意的地步。于是，他向一位老篆刻艺人虚心求教，希望能够得到快速提高篆刻技艺的窍门。这位老篆刻家对他说："你去挑一担础石回家，刻好了之后全部磨掉，磨完后再刻。等到这一担石头都变成了泥浆的时候，那时你的印就刻好了。"

齐白石是一个比较执着的人，听完后就按照老篆刻师的话一丝不苟地去做。他真的挑了一担础石来，夜以继日地练习。刻好了把它磨平，磨平了再刻，手上不知起了多少个血泡。

日复一日，年复一年，础石越来越少，而地上淤积的泥浆却越来越厚。最后，当一担础石终于统统都被"化石为泥"了的时候，齐白石的篆刻技艺也达到了大师的级别。

所有的成功都需要耐心与执着，只有不急不躁，始终如一地努力之后，解决问题的道路才能变得宽广。如果只是单纯地求急图快，不去按照客观规律来解决问题，最终只能适得其反。

抱着急于求成心理的人，恨不能一日千里，但是结果却往往事与愿违。不遵循事情本来的规律，就像一个人还没有学会走路就企图开始跑步，最后肯定是要摔跟头的。慢慢来，耐心一点，可以沉淀出一份平静，扩展开一条思路，让人有时间转换另外一种角度，在山重水复之时找到全新的道路。

古时候有一位商人。他离家在外苦心经营多年，终于攒够了一笔足够多的财富，准备回到自己的家乡，与妻儿父母团聚。

由于当时的社会并不安定，路上常有劫匪横行。为了能够安全到家，商人身着一件旧布衣衫，一双平底布鞋，扮作一个风餐露宿的行路人。他把所有的钱都买了玉器，有道是黄金有价玉无价。还为此特制了一把油纸伞，将粗大的竹柄关节全部打通，把珠宝玉器全部放入。身藏万贯家私，却貌似贫寒之士，他就这样轻轻松松地上路了。

这确实是一个很好的策略，一路上商人并没有遇到劫匪。在一个傍晚，天上下起了雨，他在一个面馆吃完面后歇息了一下。就在这不经意间，他猛然发现自己一直随身携带的雨伞不见了。当时，他的冷汗就一阵阵往外冒——这可是他奋斗十几年的全部家产。

惊慌过后，商人开始仔细分析自己遇到的情况。他看到自己手里的小包袱完好无损，就大概能断定并没有人专门行窃。一定是有人只顾方便，顺手牵羊取走了自己的雨伞。思索了片刻，商人有了自己的主意，他对面馆的掌柜说自己看中了这个小镇，请他帮忙在交通要道上租一个房子。商人说，自己也没有什么其他的技能，只会修伞。于是，一家门店极小的修伞铺在这个镇子上出现了。

远道而来商人待人和气，心灵手巧，颇有人缘，人们都愿把废旧的雨伞拿到他那里去修理。可是前来修伞的人谁也不知道这个小小的手艺人其实是腰缠万贯的富商，更无法体会他每天谦和的笑脸背后掩藏着一颗紧张、焦灼的心。他每时每刻都在等待着那把油纸伞的出现，可是过了一段时间，经过他手的伞成千上万，却唯独没有他要的那一把。

一天，他接了一把非常破旧的伞，雨伞的主人漫不经心地说："现在的一把破伞值不了几个钱，麻烦您给看看修理的话需要花多少钱。如果太贵的话就算了。"言者无意，听者有心。一句不经意的话启发了商人：自己的那把油纸伞也恐怕破得不能再修了……于是，为了能够尽快找到属于自己的那把雨伞，商人又想了一个好办法。

第二天，修伞铺里张贴出了一条新的广告：所有的油纸伞以旧换新。这一下子就议论开了，虽然大部分人并不知道这位外地的修伞小贩葫芦里卖的什么药，但是一时间，人们纷纷拿出家里的旧伞到这里来替换新伞。没过多久，商人的小铺里来了一位中年人，而他手里拿着的伞正是商人曾经丢失的那一把。

商人忍住内心的狂喜，但仍然不动声色地收下了那把看似已经很破旧的纸伞，他转身在店里挑选了一把最好的雨伞给他，然后慢慢关上了店门。商人打开了伞柄，看到了他全部的玉器。第二天，商人的修伞铺很晚也没有开门，打听过后才知早已经人去屋空。

这个商人的沉着与冷静以及睿智确实让人敬佩。而这也是所有成大事者所共有的特性。孟子有言"夫勇者，骤然临之而不惊，无故加之而不怨"。在遭遇突发问题的时候，保持冷静和清醒的人才能迅速地分析处境，想办法控制住局面，把可能受到的伤害程度降到最低。

面对问题，惊慌失措不仅不能很好地解决问题，还有可能传染一种悲观的气氛。一味地慌乱只能让事情变得更加复杂，先不要着急，向着好的方面想一想，然后静下心来想脱离险境的办法才是正道。

◎ 要相信你站的队伍是最快的 ◎

对于很多人而言，排队都是一件让人感到郁闷的事情，因为每个人都有奇怪的排队心理，就是认为自己排的队伍总是最慢的。

想想看吧，在超市买东西的时候，看着每个收银台前一串长龙，选了一个相对人少的队伍，不一会儿就觉得自己选错了，这一个队伍是最慢的，于是，懊恼的情绪开始发酵，反复后悔自己当初为什么没能选对。其实，队伍的进度是一样的，是你总是把自己放在一个很高的标准上，才总是被失落感折磨。

澳大利亚科学家曾经做过这样一个实验，实验的结果让人深思不已。这个实验是这样进行的，找几个年龄、职业、收入、能力相当的同性别测试者，假定一系列问题，观察他们的反应。这些测试如下：

让他们同时设想他们将各自拥有一份工作，这份工作符合他们的能力，年薪数额和奖金数额一模一样，只是工作的内容完全不同；

让他们同时设想他们各自娶了一名女性，这些女性都是秀外慧中的美女，各项条件都不错，旗鼓相当，只是性格不大一样，有的很活泼，有的很文静；

让他们同时设想吃一份顶级晚餐，名厨打造，价格高昂，菜式差不多，不同的是，厨师不一样，一个来自西班牙，一个来自法国……

类似的测试还有很多，有些是测试人员直接帮他们选择，有些由他们自己选择。最后测试人员发现，几乎所有人对自己的工作、妻子、晚餐都不满意，不管是不是出于自己的选择。他们不约而同地认为，其他人得到的东西更好，其他人的选择更正确，他们甚至懊恼自己为什么没有这样的运气。测试人员相信，即使把一模一样的苹果放在他们面前，他们也会认为自己手里的是最糟糕的一个。

很多人都觉得自己的生活不够好，这并不是一种抱怨，只是心里一直有这么个念头，总觉得自己得到的是最差的，自己的运气一向没有那么好，于是心中产生了各式各样的惆怅，这种惆怅的核心内容是：xx 很好，但不如我想的那么好。至于想象的有多好，他们自己也不知道。

这种"吃着盆里的，惦着锅里的"的心态并不能说是贪婪，只是一种混杂了羡慕、虚荣、失意的复杂情绪，多数时候，这就是对生活本身的惆怅感。当自己没有资格说不满意，不觉得哪里真的不好时，心中却还是隐隐抱着更多的期待，期望着别样的生活，这时就会觉得自己站到了最慢的队伍中，自己得到的不是那么完美，自己的生活只是看上去不错。

这样的人，对生活和周围的人多少有些敌视，他们不懂得珍惜现状，所以总是在挑毛病，试图寻找更好的状态，但其实，这种挑剔完全没有必要，因为真正让你羡慕的生活，你暂时达不到。实际上，你是在否定自我，对自我的选择不确定，不坚持，不享受，难怪你总是不开心。

在大海里，有一条美丽的小鱼正在游来游去，一张网突然向它罩了过来，下一秒，它已经在渔人的船上。渔人看它长得很可爱，便当作生日礼物送给了邻居女孩。

邻居小女孩是个善良可爱的孩子，她十分喜爱这条小鱼，小心翼翼地把小鱼放在一个精致的鱼缸里养起来，整天与小鱼朝夕相处。然而，小鱼并不快乐，因为这个鱼缸太小了，游来游去总会碰到鱼缸的内壁，这时小鱼就会十分不悦地甩一甩尾巴躲开了。

小鱼越长越大，也变得越来越漂亮，小女孩就更喜欢它了，可是这个鱼缸对它来说就显得太小了，甚至连转个身都很困难。小鱼更加烦闷，甚至连动一下身子都不愿意。小女孩似乎看出了小鱼的心事，有一天，她将它从水里捞出来，放到了一个更大的水缸里。

小鱼终于能游动身体了，可没过几天，它发现自己仍然游不了几下就能碰到内壁。当它碰到内壁的时候，又会心情不爽。它实在讨厌极了这种转圈圈的生活，索性悬浮在水中，一动不动，也不进食，一心求死。

女孩看到小鱼这个样子，心里非常着急，虽然她舍不得自己的小伙伴，但为了小鱼的生命，她还是决定把它放回大海。小鱼被放入海水中，在海中不停地游着，可心中依然快乐不起来。一天，它游着游着碰到了另外一条鱼，那条鱼问它："你看起来闷闷不乐的样子，难道在这无边无际的大海里生活不够自由吗？"它叹了口气说："唉，这个鱼缸太大了，我怎么也游不到边上了！"

生活中很多人总是觉得自己的选择是错误的，为自己的选择懊恼。就像故事中的小鱼，它把不开心、不快乐当作一种常态，整天向往更广阔的空间，有一天这空间给它了，它却仍然沉浸在旧日的情绪里，连打量环境的心思都没有。这样的人，就算再改变，就算给了他最快的一队，他也不会快乐。

有时候，人们不快乐不是因为找不到出路而迷茫，而是因为自己根本不知道想要的方向，这样的人无论给他怎样的人生，他都能鸡蛋里面挑骨头。人生苦短，何必让自己过得这样辛苦而绝望呢？不如换个方向，看看自己所拥有的，发现自己拥有的越多，你的希望也就越多。

既然选择了，就不要后悔，安于自己的道路，说不定你选择了一个最快的队伍呢！不到结局，谁又能否定你呢？

◎ 意志，自我前进的永动机 ◎

俗话说"刀不磨要生锈，人不学要落后"。如果我们做事不努力，只想着借助外力，那么最终只会一事无成。什么都不做，即使守着金山，也会有坐吃山空的一天。伤仲永的故事就是一个最好的佐证。

"学如逆水行舟，不进则退"这句话，不仅适用于学习方面，在工作、生活方面同样适用。不努力学习的人，会被苦学者抛下；消极怠工的人，会被勤劳者抛下；消极生活的人，会被命运抛下。所以，我们不能停止前进的脚步。

如果告诉你，这世界上最古老的物种是鲨鱼，你相信吗？据说，它的存在已经超过了四亿年，是比恐龙还要久远的物种。然而世事变迁，许许多多的物种都泯灭在了历史的长河里，唯独鲨鱼依然完好无损地生活在海洋中，甚至还成为大海里的霸主。

那么鲨鱼制胜的法宝是什么呢？其实，鲨鱼并没有什么厉害的武器，正相反，它比其他鱼类少了一个至关重要的东西——鱼鳔。

　　相传，神在造万物的时候，赋予鱼以流线型的身体，让它们游动的时候可以减小阻力；同时还给它们短而有力的鳍，让它们可以自由游动。但当神把鱼放进海里后，上帝突然想到一个问题，鱼的身体比重是大于水的，一旦停下来就会沉到海底，那么水压就会把它压死。为了解决这个问题，上帝又赋予鱼一个法宝，这就是鱼鳔。

　　鱼鳔可以说是一个随意控制的气囊，鱼儿们可以调节气囊来掌控身体的沉浮。这样，鱼在海里就轻松多了，不但可以自掌沉浮，还可以在累的时候停在某处休息。

　　于是，所有的鱼都被装上了鱼鳔，唯独少了鲨鱼。原来，鲨鱼天性顽劣，一入大海就消失得无影无踪，神呼唤了很长时间也没有找到它。没有办法，神只好先把这件事放一放，结果这事一放就是几亿年。神终于想起了那个顽皮的孩子，但转念一想，没有鱼鳔，那孩子估计是不能在海里长久地生存下去的。

　　神将海里的鱼都招呼过来时，已经分不清它们的面貌，经过几亿年的变化，所有的鱼都变了模样。看着各式各样的鱼，神发了愁，哪个才是鲨鱼呢？唉！或许那孩子早已经不存在了吧。

　　神问道："谁是鲨鱼？"他本来没有奢望能得到回答，但没想到一群威猛强壮、斗志昂扬的鱼冲上前来。这让神感到很惊讶，就问鲨鱼，没有鱼鳔，你们是怎么生存下来的。鲨鱼解释道："没有鱼鳔，我们时刻面临着压力。为了活命，我们不能有丝毫松懈，一旦停止游动，就有可能沉入海底。因此，亿万年来，我们从不曾停止游动，游动与抗争成了我们的生存方式。而这，练就了我们强壮的体魄，我们现在就是海中霸王。"

任何事物的"强大"都不是与生俱来的，就如鲨鱼，如果他们有丝毫的懈怠和懒惰，就会被海水吞噬；而永不停歇、积极进取，则让它们成为海洋中的霸主。

其实，人类也是如此。人类在地球上成了世界霸主，靠的就是积极进取的勇气。人类跟其他生物相比，力量不够大，速度不够快，牙齿不够锋利，但是人类有一样东西与鲨鱼相同，那就是永不停歇的进取精神。这让他们不断发明创造，勤奋努力，奋发拼搏，最后逐渐强大到成为统治世界的"万物之灵"。

困境当前，你是如何看待的？是抱怨上天的不公，还是咒骂眼前的遭遇？事实证明，这些没有任何意义，并不能改变你所面临的境遇。与其如此，你不如相信命运，相信未来，守着自己的意志等待成功的降临。

祖逖小时候不爱读书，不知道进步为何物。后来逐渐长大了，他才意识到自己知识的贫乏，觉得如果人不知道读书进步，就将一事无成，于是开始广泛阅读书籍，认真学习历史，学问大有长进。

后来，他曾几次进出京都洛阳，接触过他的人称赞他是个能辅佐帝王、治理国家的人才，但祖逖并没有因此就骄傲和懈怠，他知道一个道理，停止就是一种退步，因此依然坚持读书。

那时，祖逖和幼时的好友刘琨一同担任司州主簿。二人感情交好，有着共同的理想，都希望自己有一天能建功立业、报效朝廷。

一次，祖逖在睡梦中被公鸡的鸣叫惊醒，便叫醒刘琨，对他说："有人说半夜鸡叫不吉利，我却不这样认为，咱们以后听见鸡叫就起床练剑如何？"刘琨欣然同意。

于是，他们每天鸡叫后就起床练剑，春去秋来，寒来暑往，从不间断。功夫不负有心人，经过长期的刻苦学习，他们终于成为能文能武的全才，既能写得一手好文章，又能带兵打仗。两个人的愿望也得以实现，祖逖被封为镇西将军，建功立业；刘琨做了都督，兼管并、冀、幽三州的军事。

为了将来的成功，我们必须奋勇前进。现代社会的节奏越来越快了，稍不留神就会落在别人的后面。面对如此快节奏的生活。我们应当何去何从呢？

无论何时，都不能停下自己的脚步。要想不被别人抛在后面，就要努力前进，站到他人的前面。任何时候都不要自满，自满会让你产生惰性，会不自觉地减缓脚步，最后让我们之前的努力前功尽弃。

若想走在最前列，就要争做"领头羊"，因而要战胜自己的惰性，不停地学习、学习、再学习，不断地完善自己。当你能让别人跟着我们的脚步走时，你才算赢了一步。

停止就相当于退步。现代社会是个高速发展的社会，这就意味着我们必须大踏步前进，甚至驾车飞驰才能跟上时代的潮流。面对这种情况，我们怎么还能因为一点惰性而待在原地不动呢！

战胜自己确实困难，但并不代表没有可能，所以才需要坚强的意志。如果你对未来有着足够的憧憬，那么相信自己，你一定能够坚持到最后，看到成功降临。

◎ 有新视角，才有新大陆 ◎

事事都有多面性，但是人们习惯于常理的束缚，因此在很多事情面前，人们都习惯于按照经验去解决。困难当头，人们首先想到的就是苦难，一面说服自己不要退避，一面亦步亦趋地向前走……

但事实上，困境不一定就是失败，也可能是一种转机，关键在于人们如何看。若你有一个新的视角，那么你便能找到一片新大陆。

最近，李冉心情很糟糕，怎么调整也没有什么效果，因而他一直唉声叹气、闷闷不乐，越来越自闭。朋友、同事开导他，有的人建议他和朋友多聊聊，多到外面散散心；有的人建议他找点新奇的东西玩玩，转移一下注意力……

那么究竟是什么事让李冉心情不畅呢？

原来在上周他受到了领导严厉的批评，因为李冉把公司的一个很重要的任务给搞砸了。当时，他接到这个任务的时候，领导对他是千叮咛万嘱咐，让他多参考别人的意见，甚至还给他提供了一套方案。而李冉觉得自己经验丰富，独立完成应该没有问题。但当他执行任务的时候，发现事情并不像自己想象的那么简单。不过他仍然固执地使用他的老方法，结果，把事情给搞砸了。

视野不够远大，胸襟不够广阔，想当然地认为自己能力很强，自己的经验丰富，就可以解决一切问题，这是一种不成熟的体现。对于李冉来说，搞砸任务的主要原因在于：当他按照自己的经验行事的时候，走不通了，仍然固执于自己的方法。

人们总说"办法总比困难多"，当前面没有路了，我们何不换一个思路。路很多，不要总是拣熟悉的走。如果总是沿着老路前进，就会把路走烦、走厌、走绝。这时，不妨冷静下来，往旁边跨几步，也许你就会发现无数条路。

其实，很多时候，堵死我们的往往不是路，而是我们自己，就好像上面故事中的李冉，领导不是给他提供了一套方案吗？路的旁边也是路，当然，有时，这条路看上去也许会越走越窄，但当我们无路可走的时候，它很可能是一条充满希望、充满机遇、通向成功的光明大道！

张鹏是个很有干劲和想法的人，同事和朋友都是这样评价他的。在大学里，张鹏被称之为点子专家，走上工作岗位两年多的时间里，他依然像刚入职场时候的样子，脑子里有说不完的点子。

不过，现在张鹏难免会有些郁郁不得志的感慨，因为他的老板是一个因循守旧的老人，从他创立公司的时候开始，老板都一直小心谨慎地经营着公司。2008 年金融危机的时候，很多像他这样的公司都轰然倒塌，只有少数几家跟他一样，挺了过来。这让老板更加坚信自己的保守和谨慎才是经营之道。

公司专门生产饮水机、豆浆机、电风扇这些小电器。老板的思想是少而精，要做就做最专业的。在张鹏看来，他可不这么想。按照他的理解，公司的实力虽然不大，但还不至于让产品如此单调——在多元化的市场环境中，仅仅生产一两种没有优势的产品显然是不够的，因此他想设计新的产品。

但张鹏只是老板手下的一个部门负责人而已，他的老板是不允许他利用公司的资源进行他那些标新立异的想法的。于是，张鹏想到了一个法子，他先跟老板提建议，说应该在一些产品的设计上进行更新。

老板想了想后就同意了，张鹏马上开始着手进行新产品的设计，不到两个月的时间，他就设计出了几款样式很潮的豆浆机出来，马上用了一笔极少的钱，通过朋友的关系打起了广告。当老板发现"上当"的时候，已经来不及了。不过，面对越来越多的订单，他能怎么做呢？唯一能做的，就是赶紧给张鹏升职！

生活中，总有很多困难突然横在了我们的面前，这些看似强悍无比的困难，但并不代表就没有办法消灭它们。只要我们换一种思路，也许就能解决麻烦，取得成功。

有些人，一遇到无路可走的时候，便怨天尤人，抱怨别人没有尽心尽力帮助自己，抱怨自己为什么这么没用。实际上，路的旁边也是路。有时候我们走得不好，不是路太窄了，而是我们不懂得换一个角度，最后堵死我们的不是路，而是我们默守成规的心灵。

人生的路很长，遇到的挫折也很多：为环境所迫，为条件所困，为生活所累，为情感所惑……有些事情我们是无法改变的，但有句话不是这样说的吗：当我们无法改变他人的时候，我们可以改变自己；当我们无法改变环境的时候，我们可以改变心境。

条条大路通罗马，人生之路也不是只有一条。当我们不能改变全部时，为什么不改变局部？当我们无休止地抱怨的时候，为什么不尝试着走别的路呢？换一种角度，换一种方法，多做一些尝试，也许就能找到出路，说不定还能找到一条捷径呢！

第九辑
从反省看自己，会看见转机

相似的能力，相似的环境，相似的机遇，有的人成功，有的人却失败，这真的是运气问题？不，十有八九是失败者的做事方法出了问题。

是时候反省自己的行为和习惯了。没有反省意识，我们只会不断被同一块石头绊倒；一旦改掉固执的毛病，转机就会出现，未来的大门也会因此敞开。

◎ 反省才能进步，反省就是提升 ◎

自我反省是一次检阅自己的机会，是一次重新认识自己的机会，更是一次提升自己的机会，是自我修养的最高境界。是选择消极的逃避，还是积极的自省，将在很大程度上影响着一个人的前途和命运。

卢梭是法国著名的革命家，哲学家、无疑，他是人们眼中的伟人。可是，就是这样的一个伟人，也曾犯过让他羞愧的错误。

在卢梭还没成名之前，他的生活非常贫困，为了生存，他不得不靠打零工谋生。一次，他经人介绍，到一个有钱人家里去做帮工。那里对于当时的卢梭而言就是一个新世界，像天堂一样的地方，那里的东西他从没见过……

一天，在他打扫小姐房间的时候，发现了一条绣带。虽然这条绣带很漂亮，但明显这家的小姐应该不喜欢它了，因为这条绣带看起来有些旧，还被随意扔在角落里。卢梭想，这么漂亮的一条绣带，扔掉太可惜了，于是就偷偷拿走了。没想到，第二天这家小姐就发现绣带不见了，原来她只是无意间丢在了角落里。这下事情麻烦了，管家一定要查到偷走绣带的人。卢梭为了逃避罪责，便说是厨娘拿走了绣带，没有做这件事的厨娘自然不肯承认。没办法，管家只好将他们两人都辞退了。

在辞退他们的时候管家说："撒谎的人一定会受到良心的谴责，而这种惩罚自然会为无辜的人讨回公道。"果然，就像管家说的那样，卢梭总是被偷走绣带、害厨娘失去工作这件事折磨着。因为这件事，他开始反省自己的行为，不断地在内心忏悔……

40 年后，卢梭的《忏悔录》出版了，他将这件事情写到了书里，反省自己，警醒世人。

人的一生很难不犯错误，犯错不是不可饶恕的事，但若不知悔改就会铸成大错。卢梭的这段经历是错的，但好在他日后不断地忏悔，并通过这样的过程得到了救赎。其实我们也是一样，犯了错都会有逃避的冲动，但逃避不等于解决，若是总是逃避，时间久了就会刻意忽略那些错误的行为，一来二去，是非观也会被扭曲。但若是你能够反省，那么你就会在错误当中得到宝贵的经验，你的人格和能力都将得到提升。

人就如同一块天然矿石，需要不断地用刀去雕琢，剔除不必要的部分。

虽然这个过程有些痛苦，但只有经过细心雕琢后的矿石才能更加光彩照人、身价百倍。自我反省就是自我提升，没有反省就没有进步。

日本"保险行销之神"原一平每天晚上 8 点进行反省，并将之列入每天的计划，把反省当成每天的工作，最终摘取了日本保险史上"销售之王"的桂冠。谈及自己的成功，他这样总结道："如果每个人都能把自我反省提前几十年，便有 50% 的人可能让自己成为一名了不起的人。"

由此可见，唯有反省才能进步，一个人不管失去多少，只要还能够自我反省，就没有完全失败。不仅要在逆境中反省，还要在顺境时反省，只有这样，才能防患于未然，将危机消除于无形。

需要注意的是，自省不仅是反面的，有时候正面的东西也需要加以总结巩固。概括为一句话就是，错则改之，对则勉之。为此，我们不妨在每天临睡前，回忆一下一天都做了哪些事情，问问自己这些事是否都做对了，而不应该任其结束，不去回顾，直到多年之后才回想起自己那些不可挽回的错误。只有及时发现才能及时矫正，以免铸成大错，也能让你的能力得到提高。

当然，反省不必拘泥于形式，下班路上，深夜独处时，晚上临睡前，皆可进行，并让其成为一种习惯，像晚上临睡前的祷告一样，对自己一天的行为做一个深层次的检查，不断发现和改正自己的缺点，认识和发扬自己的长处。

另外，反省还可以适当增加广度和深度。歌德曾说，"知之尚需用之，思之犹应为之"，成本最低的财富是从他人的经验教训中得到启示，从别人的经验教训中学习，并将反省的思考全力以赴去付诸实践。

只要学会自我反省，你就会在不断的探索中获得进步，就会在不断的改过中得以提升，就会在不断的总结中得到指引，这样你就可以不断激励自己，超越自己，近趋完美。如此，也就再没有什么可以阻挡你得到圆满的成功了。

◎ 等等？等等？还要等 ◎

我们都知道"今日事今日毕"，但是，很少有人真正地做到了这一点。现实生活中很多人都在有意或者无意地将本该今天完成的事拖到第二天。到了第二天，发现要做的事情又多了不少，于是又将其中的一部分事拖到了第三天。依次类推，他们就会发现手头总有做不完的事，于是心烦气躁，他们心中就会出现以下这些声音：

"工作量那么大，我又不是机器。"

"老板是不是有病啊！你看看我工作都这么多了，还给我增加任务。"

"那么短的时间，我只能做到这么好了。"

"唉，完成不了任务，我只好辞职了，找一个任务量少点的单位吧！"

……

拖延者经常抱怨自己的时间不够用，却不知道是自己的拖延造成了事情越积越多的结果。不断地拖延，让他们离自己的目标总是有那么一段无法越过的距离。其实，只要他们抓紧当下的时间，抓紧今天有效的时间做好想做的事，那成功的到来也就指日可待了。

拖延说到底不过是人们对时间没有一个正确的认识，被懒惰所控制，总喜欢在最后一蹴而就，但到最后一刻，人们会发现原本可以完成好的事情根本做不完，还会让自己的精力严重透支。

　　决定了的事情就不要犹豫，第一时间付诸行动，这样你才有可能获得成功。

　　安乐尼·吉娜成功的故事，被经常在哈佛的课堂上讲到，她的成功就得益于及时行动。

　　安乐尼·吉娜还没成名之前，是大学艺术团的一名普通的歌剧演员。那时，她有一个美丽的梦想：大学毕业后先去欧洲旅游一年，然后要在百老汇成为一位优秀的主角。

　　吉娜的心理学老师知道了她的梦想后，就找到她，尖锐对她说："你旅游后去百老汇与毕业后去有什么差别？"

　　吉娜仔细一想："是呀，去欧洲旅游，并不能帮我争取到百老汇的工作机会。"

　　吉娜想了一阵子说："我已经决定了，一个月后就去百老汇闯荡。"这时，老师又冷不丁地问她："你现在去跟一个月以后去有什么不同？"吉娜想："是啊！我为何要等到一个月后呢？即使我能找到一些理由，但是这些理由跟我的梦想来比，实在不算什么，我决定下个礼拜出发。"老师却步步紧逼："你需要买的东西在百老汇附近的商店都能买到，为什么非要等到下礼拜动身呢？"

　　吉娜看了看天色，已经到了傍晚了，最后说："好，我明天早上就出发，现在就订明早的机票。"第二天，吉娜就飞赴纽约百老汇。当时，百老汇的制片人正在酝酿一部经典剧目，有来自各国的几百名演员前去应征主角。

吉娜得知后，知道这将是自己实现梦想的一个好机会，可是面对几百名的专业演员，她成功的希望很低。不过，她没有放弃，后来她费尽周折从化妆师手里得到了将排的剧本，在这以后的两天中，她闭门苦读，悄悄演练。初试的时候，吉娜精彩的表演让她出奇制胜，顺利地进入了百老汇，穿上了她演艺人生中的第一双红舞鞋。

实现自己的梦想后，吉娜一直把心理老师"立刻行动，绝不拖延"的话记在了心里，经过努力，两年后，吉娜成为百老汇中年轻而颇负盛名的演员之一。

机不可失，时不再来。吉娜的成功，就在于她立刻行动，抓住了机会。成功者每时每刻都在为自己积极准备，他们知道，也许这一秒不努力，那么，下一秒就有可能失去一个创造奇迹的机会。反观生活之中，有不少人是由于惰性心理的驱使，让今天得过且过，把决心与梦想拖延到明天，却不知道拖延给自己、给他人带来了多大的损失，也不知道世上的事，有很多就是坏在了拖延上。

比如，恺撒大帝因为接到了报告却没有立刻进行展读，结果在议会上便丧失了性命；美国独立战争时期，英国的拉尔上校正在玩纸牌，忽然有人递了一份报告说，华盛顿的军队已经到了德拉瓦尔了。但他只是将报告放在桌子上，等到牌局完毕，他才展开那份报告，待到他调集部下出发应战时，已经太迟了。结果是全军被俘，而他也因此战死。仅仅是几分钟的延迟，就丧失了尊荣、自由与生命，实在是不应该啊！

很多成功者都有这样一句话告诫自己："拖延等于死亡。"阿莫斯·劳伦斯说："成功的秘诀在于形成立即行动的好习惯，才会站在时代潮流的前列，而另一些人的习惯是一直拖延，直到时代超越了他们，结果就这样被社会给淘汰了。"哈佛大学教授哈里克曾说："这个世界并不缺少天才，缺少的只是能够做到不拖延的人，而这个社会99%的成就将会被这些不拖延的人取得。"

也许你会这样认为，我拖延一会儿没有什么，但就是这一会儿很可能就会给你的生活带来意想不到的变化。要知道，绝大多数不成功的人正是因为拖延才错过了种种机遇，让自己始终停滞不前。对此，比尔·盖茨说："凡是将应该做的事拖延而不立刻去做，而想留待将来再做的人总是弱者。凡是有力量、有能耐的人，都会在对一件事情充满兴趣、充满热忱的时候，就立刻迎头去做。"

要知道，今天的日子很短暂，它在一点点地流逝，失去了就永远不可能再回来。对于那些珍惜时间，绝不拖延的人而言，今天才是最珍贵的，今天的成就就是明天更好的开始。没有今天，明天就会一无所有。所以，他们会抓住今天的时光，为自己积累财富。

说道理很多人都明白，但是在实践的过程中还是会难倒一批人。很多人明知自己有拖延症，却苦于没有出路，根本原因是没能说服心中那个懒惰的自己，反而被懒惰控制，最终失去机会，只能在失去机会后羞愧。但其实你完全有另一条出路，就是反省自己，剖析自己，找到原因进而改变自己。

有一个6岁的小男孩，有一次，他在外面玩耍时，看到地上有一个鸟巢，鸟巢里有一只嗷嗷待哺的小麻雀。原来，由于刮大风，树上的鸟巢被风给刮了下来。

看到身上羽毛都没长出来多少的小麻雀，小男孩过去，轻轻地把它捧在手中，他决定把它带回家喂养。当他托着鸟巢走到家门口的时候，他突然想起妈妈不允许他在家里养小动物。于是，他轻轻地把小麻雀放在门口，急忙走进屋去请求妈妈。

在他的哀求下妈妈终于破例答应了，小男孩兴奋地跑到门口的时候，却看到了这么一幕：一只黑猫正在意犹未尽地舔着嘴巴，它的嘴巴上还留着小麻雀的一些羽毛。小麻雀就这样因为他的拖延而丧失了生命，那一刻他告诉自己，只要是自己认定的事情，绝不可优柔寡断，要立刻动手去做。

拖延是一种对自己和工作不负责任的种体现，它说明了你对这件事情不够重视，那么接下来你肯定就无法很好地完成这件事。其实很多事情，你之前有充足的时间去做的，只是被你一味地拖延，拖到最后时间快不允许了，才成为你不得不做的"急事"了。这样做所造成的结果：你浪费了宽裕的时间，经常手忙脚乱，总是觉得时间不够，而且在那么紧迫的时间内，你所处理的事情的效果自然大打折扣，吃力不讨好。

拖延不会让你取得任何成就，那么，如何才能告别拖延呢？这就需要我们克服做事拖拉的恶习，养成遇到事情马上落实的良好习惯，把时间合理地分配。这样，你不但会觉得轻松，而且会提高做事的效率。轻轻松松地提前完成，何乐而不为呢？

◎ 你无须讨好别人 ◎

　　如果留心观察身边的人，我们会发现有些人只专注于做自己的事情，精神饱满，意气风发；而有些人却习惯东瞅西看，整天忙忙碌碌，却毫无成就，了无生趣。这本是智力相近的一群人，为何他们的生活却有天壤之别？

　　这是因为，后者不清楚自己的人生目标，不知道自己想要到达的地方，又太在乎别人的眼光，一味地讨好别人，东一榔头，西一棒子，结果像一只离群的孤雁、迷途的羔羊，只能在迷茫、焦躁、苦闷中煎熬着。

　　美国著名心理学家马斯洛认为，每个人都有归属和自尊的需要，即每个人都希望能得到别人的认可，希望别人给予自己肯定和积极的论述，这本无可厚非，但如果为此费尽心机，小心翼翼行事，则很容易搅乱自己的心智，失去原有的目标和方向。更何况，每个人的主观感受不同，即使我们千般小心、万般在意，也照样无法赢得所有人的欣赏。

　　人生就像一场戏，你应在乎的不是观众，而是你自己所扮演的角色。既然如此，我们无须太在意别人的眼光，只需确定内心真正的追求，活出自己真实的样子，内心淡然平静，这种心理力量是非常强大的。

　　玛莎夫人从小就是个怕羞的人，她的妈妈很守旧地认为女孩子不需要穿多么漂亮的衣服，只要穿着宽松舒适就可以了，就是自然美。所以，玛莎夫人一直穿着朴素，很少与同龄人一起相处，也很少参加聚会，她常常觉得自己不受人欢迎。

后来，玛莎夫人嫁给了一个比自己年长几岁的男人。婆家是个平稳而自信的家庭，他们总是喜欢唱歌、跳舞，一副热情开朗的样子。玛莎夫人担心大家不喜欢自己，因此她开始努力地改变自己，希望能和大家一样。

但是，玛莎夫人不擅长于此，她表现得太活跃，显得有些虚伪和做作。她认定自己是个失败者，感到无比沮丧，变得喜怒无常，甚至想到了自杀……但是，玛莎夫人没有自杀，她反倒真的像变了一个人。这一切，都源于她与婆婆一次偶然间的谈话。婆婆谈到自己活得开心快乐、受人欢迎的经历时，对玛莎夫人说道："无论别人喜欢什么样子的人，我都坚持做我自己。"

"坚持做自己"——终于，玛莎夫人从困境中明白过来，原来自己一直都在勉强自己去讨好别人，充当一个自己不大适应的角色。于是，她决定自由地支配自己的内心，再也不去讨好别人。为此，她开始寻找自己的个性，观察自己的特征，她挑选适合自己的服饰，并试着参加一些小组活动，并发挥自己温柔善良的天性。

渐渐地，玛莎夫人的身上终于发生了变化，她感到快乐多了，越来越多的人开始喜欢她，这是她以前做梦也想不到的。此后，她还把这个经验告诉了自己的孩子们：无须别人替自己做主，更不用去讨好别人，你们要坚持做自己。

身体是自己的，生命是自己的，灵魂是自己的，人生也是自己的。别人的目光纵有千千万，也比不上对自我心灵的诚实。不必太在乎别人的眼光，活出自己真实的样子，才是生命的华彩。

事实上，在我们周围，能够真正关注你的，就那么寥寥几个。有一句话说："20 岁时，我们顾虑别人对我们的想法。40 岁时，我们不理会别人对我们的想法。60 岁时，我们发现别人根本就没有想到我们。"

比如，你在路上不小心摔了一跤，惹得路人哈哈大笑。你当时一定很尴尬，认为全天下的人都在看着你，但如果站在别人的角度考虑一下，你就会发现，他们都有自己的事情要做，这件事只是他们生活中的一个小插曲，甚至有时连插曲都算不上，他们顶多哈哈一笑，然后就把这件事忘记了。

坚守清晰的人生目标，不活在别人的眼光里，不必一味讨好别人，自己决定自己的生活。唯有这样，才能让心灵发出更为笃定的力量，踏踏实实走好每一步，永远不会迷失自己，演绎出自己的特别人生。

◎ 主动"晒晒"自己的弱点 ◎

置身于纷杂喧嚣，充满诱惑的现代生活中，我们的内心难免会有一些不光彩的想法，我们称之为人性的弱点，如欲望、抱怨、私心、忌妒等。对于这些常理中的不光彩，每个人都会掩饰，想要建立起一个光辉的形象。事实上，每个人都知道，再优秀的人也不可能没有弱点。

弱点并没有我们想象的那样可怕，有时，它甚至有可能成为制胜点，当然，关键在于你如何看待你的弱点，如何对待你的弱点。

有这样一句话说得很在理："我们经常把内心遮得严严实实，把外表包装得漂漂亮亮，苦心经营着，用心说着言不由衷的话语，醉心营造自己灵魂的城堡。然而，每每夜深人静之际，我们需要用良知来拷问灵魂。"

遗憾的是，有些人不愿或不敢敞开自己的心灵，"把内心遮得严严实实"，不敢承认和面对自己的弱点，如此，弱点就很有可能变成捆绑心灵的枷锁，扰乱人的行为，使人做出一些可笑、可叹、可悲甚至可恨的事情来。

这个世界上掩耳盗铃、自欺欺人，最后弄巧成拙的人还少吗？有很多历史人物，正因为忽视或无视了自身的弱点，结果要么成为"千古一叹"，要么身背"千古骂名"。比如，刚愎自用、狂妄自大，最终四面楚歌、自投乌江的西楚霸王；懒惰懈怠，不求精进，乐不思蜀的蜀汉后主阿斗。

这些人或许明白自己的弱点所在，但是他们不愿意承认，刻意隐瞒，结果这些被忽略的弱点便滋长起来，占据了我们的心灵，改变了我们的人格，做出让我们后悔不已的事情来。

鲁迅小说的一个显著特点就是直接将人性的弱点淋漓尽致地表现了出来，他笔下的国民"懦弱麻木"的形象早已为世人所熟知，无论是追求功名、意志软弱的酸腐"秀才"孔乙己，还是很爱面子、欺软怕硬，喜欢活在自怜情绪中安慰自己的阿Q，每一个人物都是没有自知之明的代表。

人为什么不能正视和承认自己的弱点呢？这事关一个人内心力量的强弱。

一个内心弱小的人，把人性的弱点看成一个千载难逢的借口，总是竭力利用它来偷懒、求恕、懦弱；而一个内心强大的人，他不需要任何的掩饰，而是主动"晒"出自己的弱点，和"我"不完美的一面握手言和。

需要指出的是，很多时候主动"晒"出自己的弱点，比逃避或遮掩要积极得多，有用得多。利用得恰到好处，不断将弱点转化为力量，反而能够使之成为我们的强项，干出一番不平凡的事业来。

一个奥地利男孩自幼十分崇拜、敬畏自己的父亲，但同时来自父亲的粗暴、专制，严厉呵斥，使他一生都笼罩在父亲的阴影里。再加上生活穷困，虚弱无能，敏感又焦虑，成了他不可克服的人性上的弱点，他对此既难过又无奈。幸好男孩意识到了自己的弱点，他想缓和自己同世界的关系，"如果我能平息我心中的冲突，我相信自己就很幸福了"。

　　后来，男孩选择了文学，他用写作这种方式进行着灵魂的自我交谈，拓展着自我的精神边界，他手下的主人公们都是以一个"儿子"的身份存在着，并且具有儿子的生活形态和心理状态，他将自己孤独、寂寞与自惭形秽的情绪淋漓尽致地赋予在主人公身上，作为一种逃脱出来的尝试，他依靠写作度过了无数茫茫黑夜，后来终于成了著名的小说家。他就是"现代主义文学之父"弗兰兹·卡夫卡。

　　虚弱无能，敏感又焦虑的个性，曾经毁过很多人的人生，而弗兰兹·卡夫卡在这些弱点面前没有表现出一般人固有的绝望情绪，而是正视自己，深度解剖自己，结果把弱点变成自己的优势，从而登上成功的宝座。

　　很多时候，面对弱点我们往往"当局者迷"，自己不容易意识到。这就像一个人没有镜子，就看不到自己衣着不合适一样。这时如果我们能找到一个参照物，便能一目了然，正所谓"旁观者清"。

　　宋朝大文豪苏东坡为人豪爽大度，开创了词的"豪放派"，其诗词空灵，凝重，艺术境界非常高。然而，就是这样一个优秀文士，却也有着人性的弱点，爱炫耀，虚荣，又易怒，而他自己根本却没有意识到。

在江北瓜洲任职时，苏东坡和江南金山寺的住持佛印禅师经常参禅论道。一段时间后，苏东坡觉得自己大有进步，为了显示一下自己的禅修境界，他提笔赋诗一首，派遣书童送给佛印禅师，诗的最后一句是："八风吹不动，端坐紫金台。"

佛印看后，笑而不语，提笔在诗上批了两个字："放屁！"叫人送还回去。

苏东坡本以为自己的诗会得到佛印的赞赏，没想到佛印竟然羞辱自己，他大发雷霆，随即乘舟过江，准备找佛印理论。没想到佛印禅师早站在江边等候，他哈哈大笑道："你不是说自己'八风吹不动'吗？怎么'一屁打过江'了呢？"

苏东坡闻言，惭愧不已。

与佛印禅师相比，苏轼的内心力量显然逊色不少。对于参禅悟道来说，一切了了，全都放下。而苏轼却没有意识到或忽视了自己爱炫耀、虚荣，又易怒的弱点，内心被弱点捆绑和牵制，怎能爆发出力量呢？

面对我们的弱点，与其让恐惧占据心灵，可以躲避、掩饰，不如勇敢地"晒"出来，大大方方地和自己的弱点握手言和，如此就能打开心灵枷锁，就能把最弱点转为最强点，你就会无所畏惧，命运也会向你所期望的方向转变。

◎ 每日三省，向着完美进发 ◎

普罗米修斯创造了人，又在他们每人脖子上挂了两只口袋，一只装别人的缺点，另一只装自己的。他把那只装别人缺点的口袋挂在胸前，另一只则挂在背后。这个故事说明，人们往往能够很快地看见别人的缺点，而自己的却总看不见。

但是，你真的没有缺点吗？你真的是完美的吗？答案是否定的，因为"金无足赤，人无完人"，每个人都有缺点，如做事不够果断，粗心大意，等等。一个人有缺点并不可怕，可怕的是你不曾正视过这些，不曾发现过这些。

曾子曰："吾日三省吾身。为人谋而不忠乎？与朋友交而不信乎？传不习乎？"古人尚且能这样，我们更应该如此。毕竟选择消极地逃避，还是积极地自省，将在很大程度上影响一个人的前途和命运。

这是因为，有没有自我反省的能力、具不具备自我反省的精神，决定了我们能不能认识到自己的不足，能不能不断地学到新东西，这是一次检阅自己的机会，是一次重新认识自己的机会，更是一次提升自己的机会，是自我修养的最高境界。

自省是寻找自己的"不完美"，犹如用锋利的手术刀解剖自己，毫无疑问是痛苦的，这也正是人们之所以不敢反省的主要原因。要做到这一点，你就必须以非凡的勇气，强大的心灵力量做后盾。

智者也是普通人，所不同的是，他们有勇气正视自己的不完美，勇于在大家面前承认自己的缺点，更重要的是他们会尝试着去改正、去改变，心灵不断升华，做越来越完美的自己，以完美的态度去做事。

日本保险业泰斗原一平在 27 岁时进入日本明治保险公司开始推销生涯。当时，他穷得连午餐都吃不起，经常露宿公园。有一天，他向一位老和尚推销保险，等他详细地说明之后，老和尚平静地说："你的介绍丝毫引不起我投保的意愿。"

原一平哑口无言，老和尚解释道："年轻人，你知不知道自己的不足之处在哪里呢？赤裸裸地注视自己，毫无保留地彻底反省，发现自己的不足吧。如果做不到这一点，你将来就不会有什么前途可言……"

原一平接受了老和尚的教诲，他策划了一个"批评原一平"的集会，目的是周围的家人、朋友、同事等指出自己的缺点。"你的个性太急躁了，常常沉不住气""你有些自以为是，往往听不进别人的意见""你欠缺丰富的知识，必须加强进修"……原一平把大家提出的宝贵意见都一一记下来，每天晚上 8 点进行反省。

随着反省的定期进行，原一平发觉自己就像一条蚕正在"蜕变"，每天都感觉自己就像获得了新生一样。到了 1959 年，他的销售业绩荣膺全日本之最，并连续 15 年保持全日本销售量第一的好成绩，被称为日本"保险行销之神"、日本最伟大的推销员。谈及自己的成功，原一平这样总结道："如果每个人都能把自我反省提前几十年，便有 50% 的人可能让自己成为一名了不起的人。"

原一平的成功，关键在于他有自省的能力和勇气，也就是能客观公正地审查自己，不留情面地剖析自己，他还热烈地欢迎别人批评自己。通过这种不断自省，他的个人魅力和工作能力均得到提高，一步步趋于完美。

"君子博学而日参省乎已，则知明而行无过矣"，不管境况如何，每个人都应该将自己的内心开放至一个合理的程度，经常反省自己。在不断的探索中获得进步，在不断的改过中得以提升，在不断的总结中得到指引。

确实，有时我们趋利避害的本能会保护我们，但有时也会让我们躲避现实，否定现实。比如面对那些不愿去想的事情，这种本能就发挥作用了，它指引着我们的心蒙蔽了我们的双眼……做一个内心强大的人，就可以控制住这种本能，通过反省发现自己的缺陷和不足，我们便有可能获得成功。

每天抽出时间反省一下自己，就像天天洗脸、天天扫地一样成为一种必修课，然后找到自己的缺点或者不足，再不断改正，你才能不断矫正自己的前途。相信自己心灵的力量吧！用自省来调整自己，有一天你会发现自己在向着完美蜕变。如此，也就再没有什么能阻挡你获得圆满人生了。

◎ 最难得的过程，就是有始有终 ◎

不知从哪本书上读过这样一句话："昨天的痛，已经承受过了，有必要反复去兑现吗？明天的痛，尚未到来，有必要提前去结算吗？只要肯用行动去充实生命中的每一个'今天'，勇敢向前，机会才会在柳暗花明间。"这句话是否会使那些纠缠于昨天伤痛的人们读懂什么呢？

做事要有始有终，很多人都明白这个道理，但不是所有人都能够做到这一点。对于大部分人而言，开始不困难，困难的是结束。很多人总是回忆自己的过去，想着过去的事情，这样其实就是没有给过去的自己画上一个完整的句号，过去一直在延续，那么你今天的幸福要如何展开呢？

宁达的奶奶去世了，奶奶生前最疼的一个孙子就是宁达，这个原本活泼可爱又极聪明的小男孩一下子就变得消沉了。奶奶已经去世半年多了，可他还沉浸在伤心中，每天没心思吃饭，没心思学习，泪水常常在他的眼圈里打转。

周围的人们说宁达是一个重感情的孩子，可他的爸爸、妈妈却很为他担心，因为他的这种重感情已经严重影响了他的健康，也影响了他的学习。爸爸、妈妈也不知如何安慰宁达，只好求助于宁达的爷爷。爷爷了解情况后，来到了宁达家里，决定和他好好聊一聊。

"孩子，你为什么天天伤心呢？"爷爷问他。

"因为奶奶永远离开了我，她再也不会回来了。"

"你知道奶奶永远回不来了，可是还有一样东西也永远回不来了，你知道是什么吗？"我问道。

"嗯？还有什么会永远不会回来的呢？我不知道。"宁达疑惑地看着爷爷。

"傻孩子，时间呀！你所度过的所有的时间，还有这些时间中经历的所有事物，它们过去了就永远不会回来了。这就像一天过去了，它便成了永远的昨天，以后我们也无法再回到昨天，更没有办法去为昨天弥补什么。"爷爷抚摸着小宁达的头继续说，"当你爸爸和你一样小的时候，他每天都很不听话，玩的时候想着作业没做完，玩不痛快，学的时候老想出去玩，也就学不好，所以没有上大学就开始工作了。你看，他现在再怎么后悔不也晚了吗？"

宁达听着爷爷说的话，他笑笑说："爷爷，我明白了，我们要过好今天，因为今天的太阳落下去了，就再也找不回来了。"

爷爷点了点头。

从此，宁达恢复了以前的活泼，他珍惜着每一分钟，好好生活、好好学习。每天放学回家他也会在家中的院子里面看着太阳一寸寸地沉到地平线下面，然后快乐地说："我今天没有遗憾！"

今天太阳落下去了，当然明天还会再升起，可是，我们再也不能看到和今天一样的太阳了。人们说，时间可以冲淡一切，无论你的昨天有着怎样的痛苦，它已经过去，现在最重要的是你怎样对待今天，难道你想要今天成为明天的痛苦吗？一个常年处于忧虑中的人，他们的身心都在经受着摧残，不仅容易患上身体或者心理上的疾病，更会使他们无法体会到今天的幸福。

俄国作家屠格涅夫说过："幸福没有明天，它甚至也没有昨天，它既不回忆过去，也不去想将来，它只有现在。"幸福其实就在我们面前，只要你能够在该结束的时候结束，该开始的时候开始，你就能把握好今天的幸福。太阳每天都会升起，每一天都是新的一天，我们不能因为留恋昨天美好的太阳而无视今天的阳光，更不能责备昨天的云彩挡住了太阳，而无视今天的灿烂呀！

威廉·格纳斯是一位著名的心理医生，他常常给一些因焦虑和忧愁而生病的人做心理辅导，那些人要么是沉浸在过去中难以自拔，要么就是为未来担惊受怕，他们长时间闷闷不乐，从而变得焦虑，影响了身体健康。

威廉·格纳斯给这些人治病的方案很简单，他只是给病人一张小纸条，上面画着昨天、今天、明天的对比图，下面有一段文字："生命的每一个瞬间都是唯一，只要尽力地过好生命的每一个瞬间就可以了。"

"过好每一个瞬间"，多简单的方法，但很多人却不明白，我们整日为了昨天而悔恨，为了明天而担忧，但是这些都是无用的，因为你所能把握的只有今天。

我们生命的每一刻时光都是唯一的，一去不复返的，因此，我们最应该把握的就是此刻，不要让今天成为明天的遗憾，才能一生无悔。不要去后悔昨天的你干过什么，要知道，人生是一个过程，而非一个结果，重要的是体验。不管你曾经的选择对错与否，都应该在今天之前为其画上一个句号，这样你才能整装待发，重新找到幸福。

如果你不曾感受到这一点，那么你就应该自我反省了，因为你的人生已经被你荒废了一段时间。当然，现在醒悟也不算晚，为昨天画上一个句号，为今天拉开序幕，你的人生一直都在进行时！

第十辑
从知足看人生，会看见珍惜

目光太高，要求太多，对什么都不满意，忽视身边的人与事，却在失去后发现它们的重要，这是很多人都曾经历过的心路历程。多数时候，我们不是不幸福，而是不知足。

懂得珍惜才有福气，因为知道拥有的可贵，心灵总是充实的，心情总是美好的，即使有悲伤，也依然相信自己的富足。这就是俗语说的："知足常安，知足常乐。"

◎ 所有的不快乐都来自不知足 ◎

人们常说"欲壑难填"，一旦陷入欲望的沟壑当中，无休无止的欲望就会使人们变得倍加贪婪。贪婪的欲望经常会控制人们的思想和行为，使人在欲望面前不懂得适可而止，而且总认为自己的付出与获得不成正比，总是希望以最少的成本获得最大限度的回报。于是，为了满足自身的贪婪欲望，为了求得心理上的平衡和欲望的满足，人们又会不停地索取，不停地追逐。

人们经常用"人心不足蛇吞象"来形容贪欲无止境、人心不知足的现象。据说，"人心不足蛇吞象"来自于这样一个典故。

不知在几百年前，有一个名叫"象"的人，家中十分贫穷，经常食不果腹、衣不蔽体。为了维持生计，象每天都不得不到后山去砍柴，然后卖给邻居们，以获取毫厘之币。

又是一年飘雪时，天气异常寒冷，可是象还是要和往常一样到后山上去打柴。走在上山的路上时，他忽然在一棵树底下看到一条冻僵了的蛇。看到蛇可怜的样子，象把它带回了家，放到屋子里最暖和的地方。没多久，蛇被救活了。

蛇很感激象的救命之恩，于是答应象，愿意帮他实现任何愿望。

象一时间简直如获至宝。一段时间过去了，象只是要求每天能有简单的衣食。蛇都一一满足了他。

后来有一天，象所生活的这个国家的国王生了一种重病，需要以蛇的眼睛作为药引。于是，国王下旨悬赏寻找蛇眼，承诺如若谁能够找到蛇眼，就会得到高官厚禄以作为奖赏。

悬赏通告很快就下发到各地，象也看到了这则通告，他立刻想到了自己救过的那条蛇。于是他找到蛇，并说明了自己的来意。

没想到，蛇竟然连一点犹豫都没有就答应了象的要求，取下自己的一只眼睛给了象。然后，象把它献给了国王。国王的病果然很快就好了起来，象因此得到了承诺的高官和厚禄。

象的生活一下从过去的"地狱"升到了"天堂"。就在象每天都享受着锦衣玉食的生活时，国王最喜爱的一位公主又生病了，太医说需要蛇肝才能医好。于是，国王再次下旨，承诺能找到蛇肝者将被招为驸马。

象又去找蛇。蛇于是张开嘴，让象拿着刀子爬进去割下一块蛇肝。蛇肝治好了公主的病，象成了人人羡慕的驸马。

可万万没想到的是，有一天象在向国王问安的时候，国王对他说，蛇肝真是个好东西，如果平时也能够常常吃到一点，说不定还能够强身健体呢。

为了讨好皇帝，象再次找到蛇。蛇还是张开嘴，让象爬了进去。这一次，象进去后想多割一些下来。结果蛇太疼了，一下子昏了过去，嘴也合上了，象就被闷死在了蛇的肚子里，再也出不来了。

人有了贪欲之后就永远都不会满足，也就无从获得快乐。要想真正地享受人生的乐趣，就应该做到知足常乐，因为知足是根，常乐是果，知足弥深，常乐的果才会丰硕而甜美。也只有真正做到知足，人生才会多一些从容和达观，从而才会常乐。

有人认为"知足常乐"是一种不思进取、停滞不前的思想方式，是不值得提倡的。可深入研究后，我们就会发现，他们错误地理解了"知足"的真正含义。所谓"知足"者，是知道"足"与"不足"的区别，而非简单地把"知足"理解成"满足"。

知足能使人不为物质所役，懂得"够用就好"的道理。爱因斯坦对钱财不太在意，也很知足。他曾用一张大面值的支票作为书签，结果不小心弄丢了那本书。对此，他一笑了之。试想，如果换成葛朗台先生，肯定是捶胸顿足、要死要活了。一把躺椅、一杯清茶、一本好书，某人就能常乐；住上别墅、开上跑车、搂着美人，某人却不乐，此皆因懂不懂知足。

网上有首《知足常乐》的歌谣，颇觉玩味。其中几句歌词：

"想想疾病苦，无病既是福；想想饥寒苦，温饱既是福；想想生活苦，达观既是福；想想乱世苦，平安既是福；想想牢狱苦，安分既是福；莫羡人家生活好，还有他家比我差；莫叹自己命运薄，还有他人比我厄……"

这里，作者用类比的方法，表达了对无病、温饱、达观、平安、安分的认识，对现有收获倍加珍惜的心态，对目前成果尽情享受的胸怀。由此说来，知足是人们认识社会，把握心态的一种智慧；常乐是认识事物以后如何处世的一种精神境界。

其实，知足与否是由不同的欲望层次所决定的。在生活节奏逐渐加快、各种压力不断增大的今天，知足常乐，就是对生命的当下肯定。

真正做到知足，便可以从纷纭世事中解放出来，独享个人妙趣融融的空间。对内发现自己内心的快乐因素，对外发现人间外物的真爱与秀美。对事，坦然面对，欣然接受；对情，琴瑟和鸣，相濡以沫；对物，能透过下里巴人的作品，品出阳春白雪的高雅。如此，对于风雨兼程的我们来说，便有一个宁静、温馨的避风港口，足以让我们常常喜乐。

◎ 蒲公英也能翱翔天空 ◎

　　这个世界上有太多喜欢抱怨的人，总觉得所有的不幸都集中到了自己的身上，很少有人能够看清自己的优点。其实，你羡慕别人，忌妒别人，只是因为你觉得自己不够好。你是蒲公英，没有娇艳的花朵，就羡慕美丽的玫瑰。可是你忘了，玫瑰只能一辈子站在地上仰望天空，而蒲公英则有着翱翔天空的自由！

　　小说《三国演义》中有个著名情节，周瑜被诸葛亮的计谋气死，死时说出："既生瑜，何生亮？"郁郁而终，一向被人视为忌妒者的下场。

　　虽然这个情节并不是史实，但却能给我们不少启示：周瑜何必只盯着这一个方面？为什么不想想"曲有误，周郎顾"这个典故，那个让懂音乐的人由衷佩服，让弹琴的少女故意弹错的人，可不是那个晃着羽毛扇的诸葛亮。如果周瑜能够看开一点，就算战场上有胜负，他仍然是一代风雅的儒将……

　　忌妒这种情绪，说穿了是觉得自己不如别人，一味盯着别人的优点看个没完，难怪会越想越郁闷。但是，在看别人优点的时候，为什么不想想自己也有优点？你看到别人的诗情画意，何必想自己不会写诗作画，为什么不想想自己是个理科高手？

　　不能看到自己优点的人是可悲的，他们只能沉浸在忌妒的情绪中，根本无法自拔，因为他们感觉不到自己身上有任何东西能够与他人抗衡，只能扭曲自己的心理，诋毁他人的优秀，似乎把他人的形象拉低几个层次，自己就能高大起来。

看看自己的优点，对自己的幸福感到满足并没有想象中那么难，每个人都有自己的幸福，你为什么非要用别人的幸福来让自己眼红呢？不要去看别人的生活，将视线放到自己的生活当中，你才会发现，生活原来如此美好，还有那么多时间需要自己珍惜。

反过来说，若是你看别人看得太久，那么你会对自己越来越不满，越来越轻视。

大学时，宿舍里共有四个女孩，她们都有出色的外貌，聪明的头脑，讨人喜爱的个性，她们之间的竞争也从来没有停止过。在这个宿舍，每个人都有自己忌妒的对象，或者忌妒对方的家庭好，吃穿用度都比别人高几个等级；或者忌妒别人的男友好，从初中开始两情相悦，至今没有改变；或者忌妒有人外语口语好，可以直接与外国人对话……

这种忌妒的情绪持续了四年，四个人各自看其他三个人不顺眼，寝室里的关系时好时坏，经常发生争吵。大考小考都要比个没完，每年的奖学金争得不亦乐乎，谁也不肯服谁。直到大学毕业后，这种攀比也没有停止，她们总是互相打听对方的状况，想知道对方过得怎么样，想知道自己是不是混得比对方好。

多年接触下来，四个人也有了一定的感情，只是那种忌妒兼羡慕的感觉始终没有变淡。后来，她们结婚的结婚，出国的出国，创业的创业，联系渐渐少了起来，偶尔想起其他人，第一个想法不再是忌妒，也不再是不服输，而是对青春的怀念。

很久很久以后，她们有过一次聚会，发现四个人走了四种不同的道路，每个人都有所成就，她们在一起互相问候，互相关心，一起分析正面临的问题，并约好要常常在网上聊天，以便给其他人提供帮助。聚会结束的时候，其中一个人突然说："真奇怪，以前我总是忌妒你们，其实现在我依然觉得你们的生活让人羡慕，但我的心态的确变了，现在的我更相信，我的选择没有错，我过着最适合我的生活。"其他三人同时点头，那长久的青春心事，终于在这一刻化为彼此的默契。

世界上没有两片一模一样的叶子，世界上没有两个一模一样的人，即使你和别人境遇多么相似，性格多么雷同，做着同样的事，有同样的目标，甚至付出同样的努力，最后你都会发现你们是两条路上的人，你们的生活完全不一样，这个时候你会发觉，忌妒没有什么实在的意义，因为最能让你满足的，终究还是自己的生活，自己的路。

如果能早一点看透这个事实，我们的生命就会少了那些不必要的忌妒，多一些赏心悦目的风景，至少，当你看到玫瑰的时候，你不会去羡慕那硕大而馥郁的花朵，因为，你是正在天空飞翔的蒲公英，你有你的生活方式，你有你的自豪和快乐，你享受着自己的生命，不贪多也不抱怨，这就够了。

永远不要忌妒他人的生活，他人有他人的崇山峻岭，你也有你的青草地与白云天。越早明白这个道理，你的生活就会越轻松，心态就会越开阔，更能认清自己该走的道路。当你能够在承认别人优点的同时，也看到自己的优点，你已经初步具备了优秀者的心胸。接下来，就按照你选择的道路飞翔吧，你有属于你的世界。

◎ 平心静气，烦恼就会变得简单 ◎

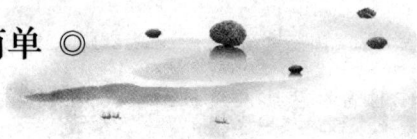

只要稍微留意一下就能发现，我们身边存在这样一种现象：当我们越是迫切地想得到一样东西的时候，就越是得不到。当爱上一个人的时候，也许因为过于喜欢，便飞蛾扑火地去追求，结果这义无反顾的阵势往往吓跑了对方；当我们疯狂地想得到成功的时候，也会被过于炙热的欲望蒙蔽了眼和耳，听不到成功敲门的声音。

心灵的宁静，是一种超然的境界。正如一位哲人所说："把尘世的礼物堆积到愚人的脚下，我只要赐给我不受烦扰的心灵！"显然，他是把拥有宁静的内心世界当作上苍对自己的最好赏赐。事实也的确如此。即便我们获得了世界上的一切，却失去了平安、宁静的心灵，对于我们自己又有什么益处呢？现实生活告诉人们，有了宁静，才有专心，才有深思，才有精研，也才有收获。

在这个充满浮躁气息的世界里，宁静就像是一泓温润的湖泊，化成雨，飘洒在人的心里，成为洗涤心灵尘埃的清泉。宁静，才能听到花开、雪落的声音，也会诞生一种成功的奇迹。

著名的俄国科学家门捷列夫，在研究元素周期表的排列时，总是把自己关在屋里，不许任何人打扰，只有在需要帮助时才会拉铃召唤仆人。就在这样的"身心俱静"中度过了数千个日日夜夜，在一次睡梦中，他终于找到了元素周期表的排列方法。

法国著名思想家卢梭在 1756 年至 1762 年，离开巴黎来到蒙莫朗西，度过了几年远离城市喧嚣的乡间生活，然而这却是其思想大放异彩的辉煌时期。他的创作力在此期间特别旺盛，出版了三部极为重要的作品：《新爱罗伊丝》《社会契约论》和《爱弥儿》。

19 世纪美国著名作家梭罗，哈佛大学毕业后来到波士顿市郊。对大自然的迷恋使他经常陷入对世界的沉思和冥想之中，在垦荒种地和渔猎的间隙里，他完成了伟大的文学巨著《瓦尔登湖》，也因此成为世界级的文学巨匠。

中国的第一大隐士——陶渊明官场失意后，一如既往地选择了劳苦耕作，钟情于自然，寄情于山水。日出而作，日落而息，在举手投足之间追求着心灵的宁静，并写下了《桃花源记》等大量传世之作。

我国古代文艺理论家刘勰在 24 岁左右就离开家庭进入寺庙，一住就是十几年，这是他人生中极为平淡而安静的时期。在这期间他潜思默想，写出了博大精深的《文心雕龙》，赢得了千百年来世界性的声誉。

《红楼梦》的作者曹雪芹在潦倒之后，住所由北京城内迁移至西郊香山脚下，过起了家徒四壁、食不果腹的清贫生活。在这里，他用 10 年的生命，为自己营造了一个宁静的精神家园，为我们铸就了一座仰之弥高的文学奇峰。

还有太多这样的例子，不胜枚举。古今中外，大凡治学有为和事业有成者，无不是与宁静相伴。正是他们追求宁静的心境，经过修炼才能实现其伟大志向和崇高目标。《大学》有云："知止而后有定，定而后能静，静而后能安，安而后能虑，虑而后能得。"很多时候，我们一直都在苦苦追寻成功的足迹，奋力捕捉机遇的灵光。但成功敲门的声音往往是轻巧的，只有怀着一颗浮华散尽之后的宁静之心，才能听得见成功的召唤。

然而另一方面，宁静并不是让我们离群索居，躲到荒山野林或孤岛上。真正的宁静，来自内心。我们并没有必要刻意去做孤云野鹤，重要的是心灵的静若止水。有一句话说得好："宁静是一种境界。如果你不能改变环境，那么就改变自己的心境吧。"努力让自己在喧嚣中追求宁静，让渴望宁静的心徜徉在音乐的世界里，或是漫步在人文大师们的文字花园中，或是把自己的经历和感受诉诸笔端。心无旁骛、简单笃定，自然会有水到渠成的结果。

世间没有那么多解不开的烦恼，只有不愿去正视的人。不要纠结于生活中的烦恼琐事，平心静气，便能得到一分安然。

宁静是纯洁的。它以安静，隐去了人世间的喧哗和丑陋，赐给人以静之美、静之馨、静之醉。而追求宁静，则是一种气质、一种修养、一种境界、一种充满内涵的悠远。安之若素，便可以在从容中品味过程的美好，在宁静中感受成功的自然。

◎ 用知足填补空虚的灵魂 ◎

如果欲望是一把剑，适当的欲望能让你披荆斩棘，为自己的未来打开一条出路；过度的欲望则会伤人伤己，让你的世界面目全非。那么内心的知足就是欲望的剑鞘，把欲望固定安放，让我们始终知道它的形状，能够把握它的动向，才不会被它操控。

有个老人在岸边垂钓，旁边几名游客在欣赏景色，突然看见垂钓者竿子一扬，钓上了一条大鱼，足有两尺多长，落在岸上后，仍腾跳不止。游客们露出艳羡的神色，可是钓者却用脚踩着大鱼，解下鱼嘴内的钓钩，顺手将鱼丢进了河里。

周围围观的人一阵惊呼，这么大的鱼还不能令他满意，可见垂钓者野心之大。就在众人屏息以待之际，钓者鱼竿又是一扬，这次钓上的只是一条一尺长的鱼，钓者仍是不看一眼，顺手扔进河里。游客们满脸不解。

第三次，钓者的钓竿再次扬起，只见钓线末端钓着一条不到半尺长的小鱼。围观众人以为这条鱼也肯定会被放回河里，不料钓者却将鱼解下，小心地放回自己的鱼篓中。

游客百思不得其解，就问钓者为何舍大而取小。钓者回答说："喔，因为我家里最大的盘子只不过有一尺长，太大的鱼就算钓回去，盘子也装不下，所以只好要小的，其实小鱼挺好，做起来也没那么麻烦呀。"

克制欲望有一个简单有效的办法，就是有多少拿多少，有多少用多少，有一份知足的心态。不论环境、能力如何，自己应该清楚自己需要多少东西，超过了就是负累。干脆在生活中不要把负累捡回家，从根本上保证自己不会为物欲烦恼。当你习惯了身边的"刚刚好"，任何多余的事物都会让你烦躁，这时，你已经达到了超越物质的境界。

心宽的人才会知足，因为他们不会以自己的生活和人比较。我们知道，很多原本对生活满意的人，因为看到更好的房子、更棒的车子，导致自己看什么都不顺眼，恨不得自己的薪水翻三倍，马上"更新换代"，这种攀比的意识，是人们过分执着金钱的重要原因。但过日子就是量体裁衣，别人的房子再大，你住着也许空旷没着落；别人的车子再好，你开着也许没手感，也没技术。

课堂上，哲学老师正在给学生们讲一个故事：有三只猎狗追一只土拨鼠，土拨鼠钻进了一个树洞，这个树洞只有一个出口，可不一会儿，居然从树洞里钻出一只兔子，兔子飞快地向前跑，并爬上另一棵大树。兔子刚爬到树上，仓皇中没站稳，一下子掉了下来。说巧不巧，它正好砸晕了正仰头看的三只猎狗，最后，兔子终于逃脱了。

故事讲完后，老师就问大家："这个故事有什么问题吗？"

同学们说："兔子不会爬树；一只兔子不可能同时砸晕三只猎狗。"

"还有呢？"老师继续问。直到同学们再也找不出问题了，老师才说："可是土拨鼠哪儿去了呢？"

土拨鼠哪儿去了？老师的一句话，一下子将同学们的思路拉到猎狗追寻的目标土拨鼠上。因为兔子的突然冒出，让同学们的思路在不知不觉中打岔，土拨鼠竟在同学们头脑中消失了。

哲学故事可以从很多角度去解读，给我们有益的启示。不妨来分析一下这个故事，为什么会忘记土拨鼠？因为兔子出现了。也就是说，当我们的努力全集中在一件事上，很容易忘记最初的目的；还可以说，因为有更重要的事出现，我们没有精力再去想其他事；也可以说，土拨鼠本来就不重要，我们早晚会忘记它。

结合金钱与生活，这个故事的寓意就显得更为深刻。我们应该把金钱看作兔子，还是土拨鼠？这完全是两种选择。把金钱看作兔子，生活看作土拨鼠的人，总会为了那只兔子丢弃一切，甚至生活本身也会从脑子里消失，因为金钱本身就有改变人心的力量，稍不注意，你就会被它控制，让它岔开思路，越岔越远。

金钱不应该凌驾于生活之上，它应该是生活的从属，是那只即使想不起来，也依然存在的土拨鼠，它的作用是为我们提供衣食住行，而生活本身，有更多更有意义的事，等待我们去追求，这才应该放置更多的精力。多少金钱也满足不了我们的心灵，但幸福的人生，却能让我们懂得知足，懂得什么是真正地享受生命。

◎ 成功的人都会珍惜时间 ◎

时间是一个太过老生常谈的问题，关于时间的重要性早已经有长篇累牍的论述。时间给予我们每个人都是均等的，但是一些人最终成功，而一些人最终潦倒。出现这种状况并不是时间本身，而是把握时间的能力。

对于成功者而言，最有价值的东西不是金钱，而是时间。因为他们对于时间的利用和控制已经和绝大多数人拉开了差距。很多人总是抱怨时间不够充足，但成功人士的时间和我们是一样的，他们也没有多出一分一秒，只是这些人懂得知足，把握现有的时间，珍惜眼前的时间，节约一切可利用的时间，因此他们做出的业绩比我们多出许多。

因为我们总是被时间追着跑，所以在时间面前我们难以把控自己的步调，而成功人士则懂得引领着时间，所以他们才能取得成功。

犹太人的经商才能是全世界公认的，很多人就开始研究这其中是否有什么缘由。在经过观察后，研究者得出了一个结论：犹太人除了从小就接触到商业熏陶之外，他们还非常善于管理时间。都说时间就是金钱，但是只有犹太人才喜欢在时间与金钱之间进行换算。有一位月收入达到 20 万美元的商人曾经这样给自己算账：他每天可以挣到 8000 美元，那么平均下来每分钟就能够挣到大约 17 美元。如果有人浪费了他五分钟的时间，那就相当于他被偷走了 85 美元。

曾有一家百货公司的调查员为了做一个产品的市场调查而直接跑到了一个商人开的百货商店里，然后冒昧敲开了公司宣传部主任办公室的大门，然后礼貌地说自己需要五分钟的时间来做这样一个调查。但是这位商人却毫不犹豫地拒绝了这个同行的要求，并且解释道："我之所以拒绝你，是因为你没有提前预约，现在是我的工作时间，你的到来会对我的工作造成不利影响。"

愚笨的人用力气赚钱，而聪明的人用智慧赚钱，二者之间的距离高下立判。时间的流逝对于任何一个人来讲都是无法回避的大问题，对于那些渴望成功的人而言，即便他们无法控制时间流逝的速度，但是绝对可以在流逝的时间里提高自己的生命质量。

但是在时间的利用中，很多人又往往容易走极端，为了节省时间，可能会降低做事的标准，或者是一头闷在时间当中，无休止地做事。这两种情况都不能算是节约了时间，因为在标准时间内并没有把事情做好，反而让自己精力透支，之后累积的疲劳和压力反而会降低做事的效率。

珍惜时间，需要的是一份自控力，一种专注力，不要左思右想，全情投入才会收到应有的效果。

把握住流逝的时间，还有一点就是拒绝拖延，想到的事情要马上进行行动。

一个女孩决定在大学毕业后去一家公司上班，但是她一直有一个梦想，那就是独自一人去远方旅游。在和朋友的一次聊天中，她又说起了自己的梦想。朋友立即问她："你打算什么时候去呢？""大概一年以后吧。"女孩回答道。朋友又说："那你今年去和一年以后去有什么区别吗？"女孩想了想说："那我下半年去吧。""下半年去和今天去有什么区别吗？"

　　每个人的时间都是极其有限的，在短暂的时间里，我们听过了太多时光宝贵的故事。但又有多少人真正意识到自己的问题所在呢？很多人都习惯将早就该做的事情拖延到明天或者更晚的时间。但事实上，无法把握时间的人其实也就无法把握自己。当时间一点点流逝，有人看到的是机遇、是沉淀，而有人看到的只能是懒惰和失败。

　　不要抱怨时间不多，在抱怨中时间也在流逝，你只要说服自己不要花费时间在没有意义的事情上，全情投入，在有限的人生中你才能成就无限的事业。

◎ 人生，就是哭过、笑过、珍惜过 ◎

　　徐志摩说："得之我幸，不得我命，如此而已。"这不是悲观处世，而是一种宠辱不惊的淡然。人生就是如此，有得到也会有失去，命运自有安排，那些得不到的，终其一生也不能得到；那些本该属于我们的，不去追也会到我们的手中；那些注定失去的，就算双手握得再紧，还是会消失……

　　虽然道理人人都懂，但不是人人都能对这些释然。人生就是如此，不管你是否接受，它都不可能改变。愚蠢的人会抱怨人生，会对人生感到绝望，而聪明的人会接受这一切，淡然地看待世事变迁。

一匹战马在战场上救了士兵，士兵为了感激它，为它换了一套新的马具，并给它佩戴了红花，带领它到马场上绕行，让所有的马都向它致敬。这时候，一匹小马带着敬畏的眼光对它说："你真伟大，真让人羡慕！"那匹战马听后，淡淡地说："没什么好羡慕的，我所做的一切都是分内之事。"

两个月后，这匹战马在战场上受了重伤，由于无法医治，它被送进了屠宰场。在进屠宰场时，它又遇见了之前的那匹小马。这一次，小马幸灾乐祸地说："没想到曾经风光无限的你，如今却落得这样的下场……"

面对小马的冷嘲热讽，受伤的马依旧淡淡地说："没有什么可悲伤的，早晚都要走这一步，我只不过提前走了而已。"说完，它平静地走进了屠宰场。

战马在立下战功后，迎来了无比辉煌的时刻；而当它负伤无法医治时，又被无情地送进了屠宰场。面对这一切，小马在一旁冷嘲热讽，而战马却始终保持着最初的那一份从容，得意的时候没有骄傲，失意的时候也没有悲伤，这无不令人感动和敬畏。每个人都该拥有这样一份淡然和从容的心境，用平常心去面对人生的荣辱，得而不喜，失而不忧，只有这样才能为自己赢得一个广阔的心灵空间，在起起伏伏的生活中把握自我，超越自我。

人的一生犹如簇簇繁花，既有火红耀眼之时，也有黯淡萧条之日。如果过分地在意"荣"，过分地计较"辱"，就会滋生烦恼和痛苦。事实上，无论是"荣"还是"辱"，终有一天都会成为过去，唯有坦然视之，才不会让心被荣、辱左右。然而，人的生命常常不是随性而行，每个人都有敏感的神经，他们的思绪总会被一些小事而牵绊，容易为一件事情的好坏而高兴或伤感。事实上，如果放开这些事情，随性而为，就能够在荣辱得失之间做到泰然自若。

接受是知足常乐，宠辱不惊是懂得珍惜眼前，人生就是一个哭过、笑过、得到过也失去过的过程，对这个过程的一切感叹都源自于我们的内心。若是保持一份淡然，不要让心灵遭受污染，那么你就能拥有一个恬淡的人生。

她是一位空姐。一次偶然的机会，她在飞机上认识了事业有成的他，两人一见钟情，很快就走进了婚姻的殿堂。新娘是漂亮的空姐，新郎是名利双收的年轻企业家，这样的组合实在完美。婚礼上，不知有多少女人羡慕她嫁了一位好男人，也不知有多少男人羡慕他娶了一位温柔而漂亮的妻子。面对女友们酸溜溜的调侃，她表现得很平静，因为她知道婚姻不是烟花，只为一时的绚烂。

婚后的她，尽管工作繁忙，但稍有空闲，她还是坚持做一个合格的妻子。她会为他煲汤，为他放好洗澡水，帮他洗衣服，打理文件，做好她该做的一切。结婚一周年纪念日，他送了她一辆车。面对这份厚礼，她的朋友和同事似乎比她更兴奋，而她的心思却不在礼物上，她知道其实他已经不再是从前的他了。因为工作原因，她不能经常陪伴在他身边，而他对她的新鲜感也逐渐丧失了。

结婚一年零三个月，她提出了离婚。这段曾经轰轰烈烈、浪漫纯粹的爱情就这样结束了。一些同事在背后窃窃私语，说她活该，她装作听不见；曾经对自己投来羡慕眼光的朋友也开始变得"聪明"，说她当初太鲁莽，不该轻信那个男人。

面对流言蜚语的无情打击，她依然坚强。她觉得，这场婚姻没有错，因为他们彼此爱过。只要他曾经给过自己一颗最真的心，那就够了。

是的，生活中有许多东西是可遇而不可求的，就像那一场邂逅的爱情。然而，谁也不能保证一段情能够走多远，一段婚姻能够永远不出现意外。当生活出现意外，甚至要失去某种东西的时候，曾经的荣耀和美好顿时变成了失意和落寞。人生贵在体验，无须对结果耿耿于怀，淡然地看待人生的安排，你才能体验最真实的人生。

在宠辱问题上，人们若是能做到顺其自然，才叫洒脱。顺其自然是经历了万千风雨之后的大彻大悟，也是领略了人生的峰回路转之后的空灵，也是一种幽幽暗暗、反反复复追问之后的抉择。试着让一些事情顺其自然，这样你会发现内心会渐渐开朗，而思想的负担也会随之减轻许多；也只有这样，你才能成为一个宠辱不惊的幸福人！